—男孩必须懂的人生哲理/父母送给男孩的贴心成长礼物

做个更棒的男孩

周贞慧 编

关爱成长系列读本

课本里没有教的学习方法，
贴近青春期男孩的好故事，
筑梦男孩未来的金钥匙！

江西人民出版社
Jiangxi People's Publishing House
全国百佳出版社

为男孩开启成长加油站，为青春大声喝彩！
GUANAI CHENGZHANG XILIE DUBEN ZUO GE GENG BANG DE NANHAI

图书在版编目（CIP）数据

做个更棒的男孩/周贞慧编. --南昌：江西人民出版社，2018.11

ISBN 978-7-210-10885-6

Ⅰ.①做… Ⅱ.①周… Ⅲ.①男性－成功心理－青少年读物

Ⅳ.①B848.4-49

中国版本图书馆CIP数据核字(2018)第239863号

关爱成长系列读本·做个更棒的男孩
周贞慧 编

策划编辑：袁　卫　童晓英

责任编辑：吴丽红　彭朝阳

文字编辑：彭朝阳

装帧设计：杨思慧

出　　版：江西人民出版社

发　　行：各地新华书店

地　　址：江西省南昌市三经路47号附1号

编辑部电话：0791-86898873

发行部电话：0791-86898815

邮政编码：330006

网　　址：www.jxpph.com

E-mail：jxpph@tom.com　web@jxpph.com

2018年11月第1版　2018年11月第1次印刷

开　　本：710mm×1000mm　　1/16

印　　张：14

字　　数：179千

ISBN　978-7-210-10885-6

定　　价：39.80元

承印厂：北京彩虹伟业印刷有限公司

赣版权登字—01—2018—824

做个更棒的男孩

人生犹如一场远行，会遭遇狂风暴雨，会直面拦路荆棘，唯有真正的勇者，才能成功到达目的地。

成长需要历练，年纪尚轻的青少年人生经验不足，社会阅历欠缺，成长也只能循序渐进。然而，对于成长，其实有一条捷径摆在我们面前，这条捷径就是——阅读。一个人一辈子只能真实经历一种人生，但是，阅读能让我们体味一千种人生的酸甜苦辣。

阅读让人清醒。大千世界，无奇不有。阅读让我们看到那些不切实际的虚荣外表下空洞贫乏的内心，阅读让我们明白那些眼花缭乱的光鲜辞藻里苍白无力的灵魂。阅读让人明智与聪慧，也只有阅读，才能让人发现自己的无知与狭隘，不断提醒自己：不要停下前进的脚步，还有无数未知等待我们去探索。

阅读让人坚强。没有经历过风雨的人才会因为一点乌云就惊慌，没有了解过人生的人才会被人生的未知吓倒，没有品尝过生活酸甜苦辣的人从来不知道生活的精彩。通过阅读，你会发现世界上有卧薪尝胆的勾践，有忍辱负重的韩信，有百折不挠的霍金，他们都是男孩成长路上的榜样。

阅读让人温暖。漫漫长夜，阅读的人从来不觉得孤独。他们通过阅读探寻丰富有趣的世界，拥抱并肩作战的朋友，挥洒勇气与热情的汗水，阅读给予他们自我，给予他们朋友，甚至给予他们对手。阅读的人如此幸运，他们从来不会拥有一颗寂寞无趣的心。

阅读让人成长。千篇一律的人生让人平庸，没有成长的人生味同嚼蜡。阅读，让我们瞻仰知识的伟岸，沐浴智慧的光辉，发现世界的精彩。失意时，捧一本好书，能让我们放下苦恼，调整心态；迷茫时，读一本好书，能让我们找到努力的方向；孤寂时，看一本好书，能让我们思考人生的意义。

人生需要阅读，成功需要阅读，青少年更需要阅读。为此，我们为青少年准备了一份特别的礼物——《做个更棒的男孩》。这本书，我们通过大量科学调查研究，总结男孩发育、性格、成长的特点，特别挑选了一系列贴近男孩生活、激发男孩兴趣、开拓男孩视野、启迪男孩智慧、塑造男孩个性、培育男孩意志的故事，希望男孩能够实现自我、超越自我，成为更优秀的人。

当然，书中除了启迪人心的故事，我们还特别加入了"男孩成长加油站"和"关爱男孩成长课堂"这两个栏目，为男孩们提供了许多实用的方法论指导，能够让男孩更通透地理解故事的内涵，更深入地解析生活的真谛，更有效地加强能力的培养。

阅读，让男孩看到世界的美妙。一本好书，能成为男孩成长道路上的指路明灯、历练征途中的锦囊妙计、人生风雨里的温暖港湾。阅读一本好书，从阅读《做个更棒的男孩》开始！愿每一个男孩都胸怀伟大理想，拥有美好品质，感受快乐成长，拥抱幸福人生！

目录

第一章 男孩要做好未来规划

第二章 自信的男孩更受欢迎

第三章　坚持让男孩更容易成功

第四章　男孩不要怕困难

第五章　责任心让男孩成长

第六章　学习让男孩保持优秀

第七章　习惯决定男孩的一生

第八章　男孩要学会感恩

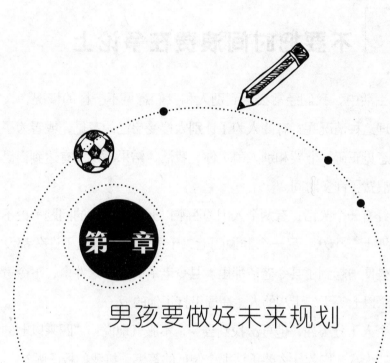

第一章

男孩要做好未来规划

不要把时间浪费在争论上

在生活中，我们经常会遇到别人和我们意见不一样的情况，大家会怎么处理这种情况呢？有的人为了让别人接受自己的意见，或者为了显示自己的意见正确，非要和别人争个你死我活，结果不仅没有达到自己的目的，还浪费了许多时间。

曾经有一个笑话：有两个人因为四乘以七等于多少的问题争论不休，一个说四七二十八，另一个非说四七二十七。两人争论了许久都没有结果，于是便一起到了县令老爷那里。县令老爷听说了这件事，下令责罚那个说四乘以七等于二十八的人，命衙役打了他的板子。

那个人十分委屈，他再次找到县令，不服气地说："四乘以七的结果明明是二十八，您为什么要承认那个傻瓜的答案，打我的板子呢？"

县令回答道："你明知道你自己的是正确答案，为什么还非要与那个傻瓜争论那么久呢？我惩罚的就是你与傻瓜进行无谓的争论。"

的确，明知道人家的答案是错误的，我们还浪费时间与他争论，简直是错上加错。另外，许多时候，一个问题的答案不止一个，我们如果强行争论，要求别人和我们的意见一致，也是浪费时间做无用功。

传说孔子有一个非常喜欢与人争论的弟子。有一天，他去拜访孔子，刚到孔子家门口，就遇到了一个穿着绿衣服的小童。那个小童拦住他的路，说道："听说您是孔圣人的徒弟，那您的学问一定很好了。我有一个问题想请教一下您，如果您回答出来了，我就给您磕个头，如果您没有回答出来，您就给我磕个头。怎么样？"

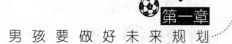

弟子问道："什么问题？"

小童说道："我想问，一年有几个季节。"

弟子思考了一秒说道："当然是四个季节。"

小童说："错了，只有三个季节。"

这名弟子十分奇怪，一年明明有春、夏、秋、冬四个季节，怎么他非要说只有三个季节呢？于是两个人便因为这个问题一直争论。

这个时候，孔子从屋子里出来了，小童便将事情告诉了孔子，让他评理。孔子听了，看了一眼小童，说道："三个季节。"小童听了孔子的答案，让孔子的弟子给他磕了一个头，然后开心地走了。

这名弟子十分不解，他奇怪地问："一年明明是四个季节，为什么老师您要说是三个季节呢？"

孔子回答道："你知道吗？刚刚那个小童，并不是人，而是一只蚱蜢。因为蚱蜢的一生只有春、夏、秋三个季节，根本不知道什么是冬季，所以它认为一年只有三季！"

男孩成长加油站：

与坚持错误答案的人争论，是浪费我们自己的时间；与跟我们意见不同的人争论，是我们自己的包容性不够强，格局不够大。因此，男孩千万不要为了逞口舌之快，或者为了想证明自己比他人厉害，便将自己的时间浪费在争执上，这是不明智的。俗话说："贤人争罪，愚人争理。"有贤德的人会在事情发生时，说"对不起，是我的错"，而愚昧的人只会拼命想证明自己是对的。

男孩如何面对不同意见

现实生活中，人们对事物的态度、意见不同是经常有的事。当两人要共同面对一件事情时，伙伴和你产生了不同意见，有些男孩会不理人转头就走，有些男孩会态度强硬地大声与人争执，从而产生矛盾，这两种方法都是不可取的。那么面对不同的意见，男孩应该怎么做呢？

首先，判断事情是否值得争论。世界上没有两片相同的叶子，也没有两个完全一样的人。人和人之间因为家庭背景、生活环境、受教育程度、个人性格等各种外部与内部的差异，会产生不同想法，这是很正常的事。如果我们遇到了和我们意见不同的人，我们要看看他是在什么事上和我们意见不同，这件事是否重要，是否值得我们去争论。

其次，要允许别人有不同的意见。如果我们判断事情是值得争论的，我们要进一步判断这件事是否只能有一个答案，并且在和对方争论的过程中，我们要冷静地听对方的意见和观点，不要对方一提出和自己不一样的意见就火急火燎地反对。

再次，要对事不对人。永远不要用"他和我有仇，所以他是故意针对我"或者"我不喜欢他，所以我也不同意他的看法"这样的观点去反对别人。我们提出的意见必须建立在这件事本身的基础上，要心胸宽广，不记私仇。

最后，要有承认错误的勇气。有些男孩在和人争论的过程中明明已经意识到了自己的错误，但是因为"面子"问题，还继续和人争得面红耳赤。这样的做法是不正确的，争论的目的是得出好的解决办法，而不是让自己胜利。当你发现自己错了的时候，要及时承认自己的错误。

"常与同好争高下，不与傻瓜论短长"，男孩们面对不同意见时，牢记上面的意见和这句话，这样才能更好地从与别人的交流之中有所收获。

 ## 珍惜时间

时间是最公平的，一天二十四小时，一个小时六十分钟，一分钟六十秒，不论年纪大小、成就多少、地位高低，时间对任何人都不会有所差异。但是，为什么有些人能在同样的时间中建立伟大的事业，有些人却终其一生碌碌无为呢？这是因为他们的时间利用率不同。

马莉恩·哈伦德是一位时间管理专家，她对每一分、每一秒时间的利用都精打细算。她拥有多重身份，是小说家，是记者，还是一位整日被琐碎家庭事务缠身的主妇。虽然马莉恩每天都需要费尽心思操持家务、照顾孩子，但是她仍旧会在忙碌中找到时间来进行自己的创作。这是一件非常难得的事，因为家庭主妇是一个经常被琐事包围的角色。她的创作会时常被打断，但她依然要在被打断后静下心来投入创作。马莉恩不仅没有因琐碎的家务而毫无作为，还在家庭和自己的事业之间找到了完美的平衡点，最终创造了自己的辉煌。

懂得利用时间的人往往有一个特点，他们非常懂得利用生活中琐碎的时间。他们用别人喝咖啡或者闲聊的时间来丰富自己，最终完成了伟大的事业。

《汤姆叔叔的小屋》的作者哈里特·斯托夫人，她是一位承担着繁重家务的家庭主妇，但是她没有被这一负担打败，反而写就了这本世界级的名著。

美国著名诗人朗费罗致力于传播欧洲文化，他翻译了但丁的《神曲》，难以置信的是，这本书是他利用每天煮咖啡时十分钟的等待时间完成的，他将这个习惯坚持了许多年。

英国著名诗人弥尔顿身兼多职，他不仅是一位牧师，还是摄政官秘书和联邦秘书。每天除了完成繁忙的工作，他竟然还能将零碎的时间运用在阅读和写作上，最终创作出了《失乐园》这部家喻户晓的作品。

鲁迅先生早年读书的时候因为早上要去帮长期患病的父亲买药，经常会迟到。老师不知道原因，认为他是因为睡懒觉，于是严厉地批评了他。鲁迅先生为了激励自己，在自己书桌右上角刻了一个"早"字。这之后，他为了节约时间，每天天不亮就起床，然后辗转替父亲买药，最后跑着去私塾上课，从此以后再也没有迟到过。

纵观古今中外，成功的人没有一个是浪费时间、虚度人生的人，正是因为他们懂得珍惜时间、充分利用时间，才让自己的每一分努力都没有白费，最终走向了成功。

男孩成长加油站：

一寸光阴一寸金，寸金难买寸光阴。时间可以说是这个世界上最容易被人忽略却又最值钱的东西了。时间是公平的，它不会因为偏爱谁就给谁更多；同时，时间又是不公平的，懂得利用时间的人的生命价值是那些挥霍时光的人的生命价值的数倍。只有做一个珍惜时间、懂得利用时间的人，我们才能在每一分、每一秒中找到自己的价值，才能充分发挥生命的光和热，过好自己的人生。

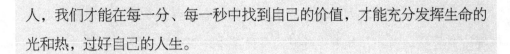

男孩如何进行时间管理

时间管理是一门非常重要的功课。不会管理时间的人，总是忙忙碌碌，但是一件成功的事都没有；而会管理时间的人，看起来轻轻松松，却能在每一件事上赢得成功的青睐。时间管理的秘诀不是每分每秒都让自己看起来忙碌不堪，而是将时间花在该花的地方。下面，我给男孩们几个时间管理的小建议：

将你一段时间内要做的事情列成清单，然后按照顺序排列。在给这些事情分配时间时，记得遵循时间管理的二八法则：将百分之八十的时间花在重要的事情上，将百分之二十的时间花在其他不重要的事情上。因此，你对于重要的事情和不重要的事情要有明确的意识。

每天至少给自己准备一个小时"不被干扰"的时间。干扰会让做事的效率大大降低，因此，每天给自己一个小时的时间来做那些需要高效率或者不被干扰才能做好的事情。例如一场模拟测验，一次深度的学习等。

学会将事情分类，同一类的事情最好一次做完。举个简单的例子，每天每个科目都会有作业，我们可以先完成语文作业，再完成数学作业，最后完成英语作业。不要语文作业做一半，就去找数学作业来做，这样不仅找作业翻书包花时间，而且，语文和数学的思维是不一样的，你大脑内转换思维也需要一定的时间，这样又浪费了时间。因此，最好一次性将同一类的事情做完再开始下一类。

时间大于金钱。如果能用你支付得起的金钱去换取时间，那么一定不要心疼金钱。例如，如果你赶时间去做某事，资金允许的情况下，在坐出租车和坐公共汽车之中，你可以选择出租车，因为节省下来的时间对你来说价值更大。

鲁迅先生曾说："浪费自己的时间等于慢性自杀，浪费别人的时间等于谋财害命。"我们要学会管理自己的时间，做时间的主人。

把握机遇，迎接未来

克劳德的一生一事无成，他死后到了上帝面前，不满地朝上帝抱怨："为什么您那么偏心，把机会都给了别人，却从来没有关注过我。如果当年被苹果砸到的人是我，说不定我也能发现万有引力定律，成为世界闻名的物理学家。"

上帝听了他的话，说道："我可以给你一次机会。"说完，上帝一挥手，时光倒流到了牛顿被苹果砸到的那一天。

上帝让克劳德来到了苹果园，然后悄悄用手摇了摇苹果树。苹果掉了下来，砸中了克劳德的头。克劳德看了一眼地上的苹果，捡起来擦了擦，将苹果吃掉了。

上帝摇了摇头，在他路过下一棵苹果树的时候，又摇了摇苹果树。一

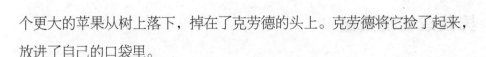

个更大的苹果从树上落下，掉在了克劳德的头上。克劳德将它捡了起来，放进了自己的口袋里。

克劳德准备休息一下，于是他坐到一棵苹果树下，闭上了眼睛，想睡一觉。这时，上帝又摇动了苹果树，一颗坏掉的苹果砸在了克劳德的头上。克劳德捡起苹果，大骂了一声："上帝你怎么回事，是故意找我麻烦吗？"然后便将苹果用力地丢了出去。

飞出去的苹果砸到了一个正在睡觉的年轻人的头上，他被砸醒了之后，捡起了苹果，想了想，开心地走出了苹果园。年轻人就是牛顿，因为这个苹果，他发现了万有引力定律。

上帝一挥手，克劳德重新回到了天堂。上帝看着他，说道："我从来没有偏爱过任何人，给每个人的机会都是均等的，但是机会往往只被有能力的人抓住，所以他们取得了成功。"

世界上从来不缺机遇，缺的只是把握机遇的人。就算是再平凡的工作，也蕴藏着巨大的可能。

有个年轻人没什么学历，也没什么技术。进入一家石油公司工作后，也只是被派去一个最简单的工作岗位。这个工作岗位的职责是巡视和确认石油罐是否焊接好，是一项连小孩子都可以胜任的工作。但是年轻人没有气馁，他决定先把眼前的工作做好，等待机会的到来。于是他认真地做着这份枯燥却简单的工作。

此时公司正在进行一项节约计划，年轻人思考着自己的工作是否也有节约的空间。于是他仔细观察，接着他发现，每次机器滴下三十九滴焊接剂来焊好一个石油罐。后来经过他的周密计算和多次尝试，他发现，其实只需要三十八滴焊接剂就足够焊好石油罐了。于是，他发明了"三十八滴型"焊接机。这一滴焊接剂看起来很渺小，但是一年可以为公司省下五百万美元。后来，这个年轻人成了著名的石油大王。

男孩成长加油站：

命运给予的机遇对于每个人来说都是平等的，善于抓住机遇，总是更容易取得成功。但是抓住机遇并不是一句空话，机会往往是留给有准备的人。如果牛顿没有对物理知识的积累和研究，就算再多苹果砸在他的头上，他也不会发现万有引力定律。如果那个年轻人因为自己的工作简单枯燥就随意对待、不思进取，他可能一辈子就只是在这个岗位上碌碌无为。俗话说："天才就是99%的汗水加1%的灵感。"如果没有这99%的汗水，就算1%的灵感到来，你也抓不住它。

▌关爱男孩成长课堂

男孩如何成为能抓住机会的人

机会是稍纵即逝的。俗话说："机不可失，时不再来。"那么如何才能抓住机会呢？

第一，随时准备。有准备的人才能抓住稍纵即逝的机会。例如，你想去参加夏令营，学校好不容易组织了夏令营，可是参加人员要求是曾经被评为"三好学生"的学生。如果你平时不努力学习，争取荣誉，就会错失这个机会。因此，要随时让自己保持最佳状态，迎接机会的到来。

第二，加强学习。机会不是你坐在原地等，它就会从天上掉下来的，你必须不断学习，获得新知识，获得新技能，这样才能遇到并抓住更多的机会。

第三，科学判断。机会往往需要把握，而如何把握则需要你自己来判断和努力。当机会摆在你面前的时候，你要做出科学、有效的判断，因此

你必须在平时加强自己的分析能力，了解更多方面的信息和知识，这样才能全面、理智地对出现的机会做出正确的判断，才能更好地抓住机会，把握成功。

第四，不要犹豫。面对机会，要认真思考分析，但是千万不要因为迟疑浪费太多的时间，因为机会往往会在你犹豫的空当悄悄溜走。给自己的思考定一个时限，在时限内一定要逼着自己做出选择，这样才能不让机会白白溜走。

第五，高瞻远瞩。机会不仅转瞬即逝，还很有可能会比较隐秘。只有具有长远眼光的人才能看到那些被眼前的利益所掩盖的机会。因此男孩们在生活中一定要让自己的目光变得长远一些，不要只注重眼前的蝇头小利，要学会预估未来的收益。

第六，长期积累。俗话说："十年寒窗无人问，一朝成名天下知。"等待机会的过程是漫长的，但是我们不能因为漫长就放弃，必须持之以恒、不断努力，让自己不停地积累。

努力按照以上的方法实践，男孩们一定能发现更多的机会，并迅速抓住机会，成为成功的宠儿。

 ## 分清大事和小事

今天是最后一节哲学课，年近古稀的老教授来到教室，但令同学们惊讶的是，他既没有带教案，也没有带任何教学工具，只是一只手抱着两个玻璃瓶子，另一只手提着两个布袋子，同学们对他拿的东西非常好奇。

老教授将东西放在讲台上，开口道："今天我来给你们做一个实验，这是我年轻时看到的一个实验，直到如今，还对它记忆犹新，我希望你们每人都能记住这个实验，用来激励你们自己。"

说完，老教授便打开了其中一个布口袋，里面装的是核桃。老教授将袋里的核桃倒入玻璃瓶里，一直到瓶子被装满。他问："你们觉得玻璃瓶满了吗？"讲台下的同学们点了点头。

老教授又打开了另外一个布袋，里面装的是一袋莲子。这时，一个平时上课踊跃回答问题的同学大声说道："如果只是装核桃，那这个玻璃瓶已经满了，可如果是装莲子，那么它还是有空间的。"

老教授将莲子倒进了玻璃瓶里，直到玻璃瓶全部被装满，然后笑着问道："你们能从中得出什么哲理吗？"

一个同学举手大声回答道："说明这个世界上没有绝对的满，只有相对的满。"

另外一个同学举手回答道："这说明了空间是可以无限细分的。"

…………

一轮回答过后，老教授点了点头，对着讲台下的同学们说道："你们的答案都很有道理，但我今天想说的不是这个。大家想一想，如果我先装进玻璃瓶的是莲子而不是核桃，那么后面，我还能装核桃进去吗？"

同学们摇了摇头，老教授继续说道："人生就像这个玻璃瓶，核桃是人生中的大事，莲子是人生中鸡毛蒜皮的小事，如果我们一开始就用小事将人生填满，那么那些真正对我们重要的事便无处安放了。所以，我希望大家能分清楚在人生之中，哪些是大事，哪些是小事，不要一直让小事占据自己的时间，忽略了对我们来说真正重要的大事，这样的人生是寡淡无味的。给大事腾出空间，把握好人生的大事，这样我们才能拥有一个无悔的人生。"

男孩成长加油站：

　　人的精力是有限的，如果我们把精力过度地集中在一些无关紧要的小事上，就无法集中更多的精力去做真正重要的事，这样会导致人生因小失大，得不偿失。纵观古往今来成功的人，无一不是具有长远的眼光和敏锐的洞察力，他们善于分清什么是对自己真正重要的事，集中精力处理人生的大事，抓住事物的主要矛盾，然后认定目标，专心致志。因此，我们要学会分清人生的大事和小事，学会把握大局。有时，在解决大事的过程中，许多小事也会迎刃而解。

关爱男孩成长课堂

"时间管理四象限" 法则

　　男孩是否有这样的苦恼，在一定时间内，需要做的事情很多，你可能一件事做了一半之后又觉得另一件事更重要，转而去做另一件事，结果到了最后，时间过去了，你却一件事情也没有做完。

　　如果想解决这个问题，男孩可以尝试由美国管理学家科维提出的一个时间管理办法——"时间管理四象限"。

　　首先，你可以拿出一张纸和一支笔，在纸上画一个大大的"十"，这样纸上的空间就被分成了四部分。

　　然后，我们将右上角的一部分称为"第一象限"，在里面写上重要的、需要立刻去做的事，例如明天要交的作业。这一部分的任务，要立刻完成，我们当下就要去做，永远将这样的事情放在第一位。我们将左上角的部分称为"第二象限"，在里面写上对你重要但不那么紧急的事，这里可以写一些未来规划，例如学一门乐器，学一门外语或者一个月后的考试等。我们在做完了第一象限的事情后，一定要将自己的大部分时间花在第二象限的事情上。这样可以避免第二象限的事情随着时间的过去变成第一象限的事，可以减小我们的压力。我们将左下角的部分称为"第三象限"，里面写上紧急但对你而言不那么重要的事，例如老师布置的不那么重要的临时任务、家里突然来的客人等。我们要分清这些事情和第一象限的事情的区别，不要将大量的时间放在处理这些事情上面，因为这些事情对我们自身来说，并没有特别大的提升，只是在满足别人的期望。我们将右下角的区域称之为"第四象限"，在这里面写上既不紧急也不重要的事，例如打游戏、与人闲聊。严格把控自己在第四象限的事情上花费的时间，将自己的主要精力集中在第一和第二象限里。

最后，便是按照自己列好的"时间管理四象限"开始分配自己的时间。第一象限与第二象限最重要，第四象限可以作为紧张生活的偶尔调剂。当你集中精力去做好第一、第二象限里重要的事情时，你就会发现自身会有一个质的提升。

时间对每个人来说都是平等的，每人每天只拥有二十四个小时，有的人在匆匆流逝的时间里荒废度日，一事无成；有的人却在有限的时间中做了许许多多有意义的事，获得了成功。这正是因为他们在时间管理方面有着巨大的差异。想要成功，就要将自己的精力集中在重要的事情上。

 找准自己的位置

失败是有用的吗？男孩们看到这个问题大概会疑惑，失败能有什么作用呢？

在美国俄亥俄州，有一个商人突发奇想，花了几年时间从世界各地收集了几万件"失败产品"，然后他用这些产品创办了一个"失败产品陈列展"，并且对每一件产品都附上了简单的说明。

开展后，有人看到这一展览的名字，十分不解，问道："失败的产品有什么好展览的？你难道还想用这样的展览来赚钱吗？"

商人神秘地说道："失败可以给予人们许多警示，不信你自己去看看，看完你就明白了。"

这个人听了商人的话十分好奇，便立刻买票进入了场内。

在这里，他看到了因为一颗与标准差了零点一毫米的螺丝，这颗螺丝造成了一辆全新的法拉利跑车刹车失灵，从而导致整辆车报废。在这里，他看到了一千二百四十八个失败的芯片，这些芯片是一位科学家在研究某种现在被许多人追捧的电子设备时产生的失败品。在这里，他看到了多达八百万字的字迹潦草、纸张泛黄的手稿，这来自一位后来成名的大作家，很少有人知道，他在依靠处女作一举成名之前，写过这些手稿，而这些手稿也因为实在写得太烂而被抛弃。

许许多多的失败品展现在他的眼前，然而他在这一场展览中发出了无数感慨，获益颇深。其他的观展者都被这些形形色色的失败品折服，在他们眼中，这些展品似乎不再是失败品，而是一个又一个无比深刻的人生哲

理，给予他们无数警示。

他们回家后，将这场意义深刻的展览告诉了身边的人，于是，越来越多的人慕名前来，而这位想法奇妙的商人也因此获得了巨大的财富。如果没有这个商人，这些东西不过是被人抛弃的垃圾，可是如今，它们不但具有了非凡的意义，绽放了自己的光芒，还创造了巨大的财富价值。

因此，世界上其实是没有失败品的，只是你还没有发现它们的意义在哪里。人也是一样，没有失败的人，只要你将自己放对了位置，就能够找到属于自己的成功。

男孩成长加油站：

人生的路不止一条，如果你是一只兔子，偏要让自己成为游泳冠军，如果你是一只乌龟，偏要去参加长跑竞赛……这样的选择都会让你在付出艰难的努力之后也不一定能得到自己想要的结果。所谓"知人者智，自知者明"，我们要充分了解自己，努力找准自己的位置，确定方向之后再付出努力，这样才更有可能得到自己想要的回报。

关爱男孩成长课堂

如何找准自己的位置

有一句话这样形容垃圾："所谓垃圾，就是放错了地方的好资源。"每一样事物都有自己的作用，我们要想发挥事物的作用，就要替他们找准位置。因此，男孩想要成功，就要先找准自己的位置。那么，这个位置如何来找准呢？

首先，要对自我有一个清晰的认识、分析和评价，即"我属于哪种人"。当你思考清楚"我是一个什么样的人""我想成为一个什么样的人""我的优点和缺点分别是什么""我的目标是什么"等问题的时候，你才能通过这些对自己的认知和判断去制订计划，选择自己要走的路。这样的认识有助于你做好未来的规划和安排，少走弯路。

其次，要学会扬长避短。每个人都有自己的长处和短处，如果你非要去做自己不擅长的事，那么很有可能就算你付出许多努力，也无法得到想要的回报。所以，找到自己的长处，然后充分发扬自己的长处，这样便更容易成功。

最后，要努力改进自己的短处。既然知道了自己的缺点，那么我们就要努力改正。美国管理学家曾经提出"木桶定律"。木桶由许多块长短不一的木板组成，而一只木桶能盛多少水最终由木板中最短的那一块决定。所以，我们要尽量提升自己的短板，因为它决定了我们人生的最终高度。

俗话说："是金子总会发光的。"但即使你是一块金子，被埋在千丈黄沙之下，也很难等到自己发光的那一天吧？找准自己的位置能让你迅速脱颖而出，让大家看到你的光芒。

 # 身体是奋斗的本钱

有一个身强力壮的年轻人，他一直在为自己身无分文而苦恼。有一天，他去河边散步，正好遇到了这个国家的国王。此时国王刚刚生了一场大病。

年轻人看着国王穿着华丽的衣服，身后跟着许多恭敬的随从，羡慕地说道："尊敬的国王，您真是这个世界上最幸福的人。"

国王听了摇头道："年轻人，此时的我觉得你才是世界上最幸福的人，因为你拥有我永远失去了的健康。"

年轻人不相信国王的话，他说道："不，我只是拥有没什么用的健康罢了，可是您拥有的一切——财富、地位都是我无比羡慕的。如果可以，我愿意用我的健康来与您交换。"

这个提议正中国王的下怀，于是他和年轻人交换了身体。年轻人成了国王，拥有了财富与地位，而国王成了一个一贫如洗的年轻人。

年轻人得到了王位之后，开始了奢侈、挥霍的生活，他每天暴饮暴食，贪图享乐，丝毫不注意自己的身体。结果，没多久，因为不节制的生活，他得了重病。尽管宫廷里有全国最好的医生，但是谁也治不好他的病，因为他一点儿也不听劝告，仍旧不停地消耗着自己的身体。过了几年，这位年轻的国王最终因为疾病而不幸离世。

而得到了健康身体的国王，无比珍惜自己的健康。他凭借自己勤劳的双手开了一家小店，每天过着开心又满足的日子。由于他诚实又勤劳，还总是传递正能量，客人们都喜欢光顾他的小店。没几年，他的生意就越做越大了。

又过了几年，他的生意越来越好，但是他始终维持着现在的规模，再也不扩大生意。他的朋友都觉得他傻，劝说他道："你现在生意这么好，为什么不趁机多开几家店，扩大规模，多赚点钱呢？"

他笑了笑，说道："我现在赚的钱已经足够我生活了，我每天过着幸福、快乐的日子，已经很满足了。如果再扩大生意，我得投入更多的精力到生意中，这样虽然能赚更多的钱，却会让我更劳累，可能累坏我的身体，降低我的幸福感。所以，我维持现状就可以了。现在这样健康的身体和恰到好处的幸福才是我真正需要的东西。"

男孩成长加油站：

身体是革命的本钱，如果没有好的身体，我们拿什么去努力奋斗呢？奋斗得到了好结果又有什么意义呢？也许许多男孩觉得自己还小，不用担心身体的事，就熬夜、吃垃圾食品，无节制地玩游戏、看电视，结果小小年纪，就产生了许多健康隐患，甚至影响了身体的正常发育，这样的做法无异于舍本逐末。因此，男孩们不要为了追求一时的快乐而忽视身体的健康，要爱护自己的身体。

关爱男孩成长课堂

青少年应该如何注意自身健康

随着社会的经济发展水平和人们的生活水平的不断提高，儿童与青少年的体格发育的水平也有明显提高，但是，青少年的体质健康水平没有与前三项指数成正比，反而有下降趋势，儿童和青少年的肥胖率也不断增加。经过专家的分析发现，青少年体质健康水平持续下降与社会公共设施、家庭的教育观、学生的健康意识缺乏以及学生自己的不良生活方式等多方面原因有关。

青少年是祖国的未来，将来要扛起建设祖国的重任，对于身体健康应该重视，培养健康意识，养成良好的生活方式。那么青少年应该如何注重自身的健康呢？

首先，要养成规律的生活习惯。许多青少年，尤其是贪玩的男孩，可能一到放假就会熬夜打游戏，晚上睡得晚，早上赖床起不来，于是就没有吃早餐。有时甚至为了玩游戏不按时吃饭，饿了就吃零食充饥，这样的生活习惯会导致许多健康问题。在生活习惯方面，青少年必须重视，要早睡早起，保证睡眠，按时吃饭，不管是玩游戏还是看电视都要适当，不要无节制，这样才能保证自己始终拥有一个健康的身体状态和精神状态去面对学习。

其次，要保持开朗的心情。现代社会生活节奏快，青少年学习压力大，长此以往，可能导致许多心理问题产生。因此，青少年要学会调节情绪，尽量让自己保持开朗健康的心情，不要任由消极情绪增长发酵。

最后，要加强体育锻炼。青少年的体质健康下降有一个重要的原因就是体育锻炼不够。随着经济和科技的发展，人们劳动的机会比以前大大减

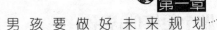

少，而许多学校和家长过于注重学生的成绩，让孩子将大部分时间都花在学习上，也减少了青少年课外活动的时间和机会。为了自己的身体健康，青少年们还是应该多参加体育锻炼，加强体质，保护健康。另外，体育锻炼还有利于心理健康的发展。

如果没有健康的身体，我们就无法全身心地投入学习，也无法在将来好好建设祖国，报效社会。所以，注意自身健康，是青少年参与一切活动的基础。

 ## 拥有正确的金钱观

有一天，一个农夫远远地看见有一个和尚一边跑一边念叨着："好大一条毒蛇，那边的地里有好大一条毒蛇。"

农夫觉得奇怪，便前往查看，结果在附近的田里挖出了一坛黄金。农夫觉得很奇怪，明明是一坛黄金，为什么这个和尚会说是好大一条毒蛇呢？他心想：我的运气也太好了吧？

农夫没有多想，便把黄金抱回了家。农夫之前一直过着穷困潦倒的生活，在突然捡到这坛黄金之后，便日日山珍海味，锦衣玉食，过起了奢靡享受的生活。

有邻居嫉妒农夫的生活，却不知道农夫的横财从何而来，便推测他一定做了什么犯法的事，向官府举报了农夫。县令接到了举报，将农夫叫来，问他为何突然过上了富裕的生活，钱财从何而来。

　　农夫没办法回答，说自己是在田里捡了一坛黄金，然而这种话，三岁的小孩都不会相信，更何况是县令呢？那天唯一的证人就是那个说田里有毒蛇的和尚，可是人海茫茫，找到他的可能微乎其微。

　　县令见农夫回答不出钱财的来源，断定他的钱一定是通过非法手段得来的，于是将他关了起来，日日逼问。农夫的家人各种周旋，也没有救出农夫。县令认为农夫冥顽不灵，判了他死刑。

　　行刑那天，农夫望着凶神恶煞的刽子手，突然大喊道："果然是毒蛇，是一条大毒蛇啊！"县令听了农夫的话非常奇怪，认为其中定有隐情，便让刽子手停手，将此事报告了自己的上级——知府大人。

　　知府大人叫来农夫，问道："你突然拥有了来历不明的钱财，为什么在受刑的时候又要说出是毒蛇这种怪异的言论？"

　　农夫不敢隐瞒，便如实禀告，他后悔地说道："那和尚说得没错，如果不是因为这坛黄金，我顶多就是继续过穷苦的日子，根本不会落到被砍头的田地，这坛黄金就是一条大毒蛇，它虽然能使我富贵，却也能要了我的命啊！"

　　知府大人相信了农夫的说法，他将农夫当场释放，并对他说道："黄金并不是毒蛇，关键是什么人使用，如何使用。现在我将你的黄金充公，用来帮助因为天灾失去家园的灾民，你愿意吗？"

　　农夫得知自己不用死，跪谢了知府大人，立刻回家将剩下的黄金取来交给了知府大人。后来，知府大人用这些黄金在城门口搭设了粥棚，用来救济那些流离失所、温饱难足的灾民，农夫也因此获得了许多的称赞，还被称为"大善人"。

男孩成长加油站：

金钱是什么呢？有些家长从小给小孩灌输的观念是"钱不是好东西，小孩子不能多接触"。还有些家长认为要满足孩子的一切物质需求，孩子要什么就买什么，因此导致孩子对金钱毫无概念，从小养成了大手大脚花钱的习惯。这些都是片面的观点。金钱是社会的必需品，我们吃饭、穿衣、住房都要花钱。但是，钱却不是万能的，金钱买不到亲情、友情、健康、幸福，也买不到美好的品质。因此，男孩要养成正确的金钱观和消费观，我们需要物质生活，但是不能一味地追求物质生活，将精神生活抛诸脑后。

关爱男孩成长课堂

养成良好的消费习惯

消费问题存在于每一个男孩的日常生活之中，买零食，买文具，看电影，玩游戏等行为都可能产生消费。每到过年，大家都会得到一大笔压岁钱，有些人会大手大脚地将钱全部花完，有些人却会将钱分成几部分，有的花掉，有的存起来以备自己的其他消费。前者经常会羡慕后者，因为他们可以因为合理的安排而得到更多的享受和快乐。如果你是前者，那么你可能就需要认真地审视一下自己的消费行为了。那么，要养成良好的消费习惯，应该从哪几个方面入手呢？

首先，你需要弄清楚"需要"和"想要"的区别。这是养成良好的消费习惯必须要弄清楚的问题。举个例子，"明天要考试，我需要买一支笔备用"，这是需要；"这支笔真好看，我想买"，这就是想要。消费时，

要买"需要"，尽量控制"想要"。

其次，养成记账的习惯。有些男孩花了钱，却经常不记得自己用钱买了什么，最后钱也没了，想买的东西好像也没买。如果你是这样的男孩，可以准备一个小本子，记下自己零用钱的去处。然后每个月对自己的消费进行一次分析，看看自己真正需要的东西是否买了，有没有冲动消费。然后下次尽量控制自己买这些东西的欲望。

最后，开始理财。理财听起来是一个很遥远的话题，其实并不是。学会理财可以让我们拥有更成熟的金钱观和消费观，控制自己的消费冲动，将每一分钱花在需要的地方。估算自己每个月能得到的零用钱，除掉其中的必要消费，例如早午餐、交通费等费用后，将剩下的钱分成三份，一份作为存款，不管怎么样都不使用，作为自己未来的投资；一份作为"想要"的消费，例如零食、和朋友一起出门玩等；另一份可以作为自己的"奖励基金"，每个月给自己设定一个小目标，如果目标完成，就可以自由安排自己的奖励基金，如果没有完成，就把它们投入存款。

根据以上方法安排自己的零花钱，每个男孩都可以成为自己财产的小主人，更理智地消费。

第二章

自信的男孩更受欢迎

 特别的男孩

有一个男孩，出生的时候便得了一种十分罕见的疾病，叫作特雷彻·柯林斯综合征。这种病让他的脸部看起来十分诡异，眼睑下垂，没有颧骨，斜视，腭裂。在他出生的时候，医生就断定他活不过三个月，但是他的父母一直没有放弃他。在医院的保温房里度过了三个月之后，他奇迹般地活了下来。

父母给了他最好的爱，把他保护得很好。男孩的梦想是当宇航员，父母给他买了一个宇航员同款头盔，他走到哪里都会戴着。然而，当他第一次当着其他小朋友的面取下头盔时，他们都被他的脸吓跑了。

男孩从此变得十分自卑，就算出门也一定要戴着自己的宇航员头盔。男孩六岁的时候，父母送他去上学。在学校里，头盔是不能戴的，不过老师特别准许他在课堂上戴口罩。于是他就戴着头盔去学校，等到进了校门再换成口罩，而一放学，就会立刻把口罩换成头盔。

男孩刚去学校时，有人还因为他的头盔和口罩而好奇，后来有几个同学看见了他口罩下的脸，被吓到，从此男孩是"怪物"的传言就在学校里传开了。因此，男孩没有朋友也讨厌上学。

第二个学期，班上来了一个漂亮的女孩，她性格开朗，笑起来特别可爱，和所有的同学关系都很好。她也想和男孩成为朋友，于是主动找男孩说话，还送他棒棒糖，但是男孩都冷漠地拒绝了。

几天后的一个下午，男孩在放学经过一条小巷子时听到了哭声，男孩跑过去一看，是班上的好几个女同学正在被高年级的男生勒索零用钱，其中就有那个新转学来的女孩。男生想也没想，直接冲了过去。他手上没有武器，于是便将自己的头盔摘下来当成武器。高年级的男孩被他的气势吓住，而此时，那个新转学来的女孩大声对着他们身后吼道："老师，这里有人抢劫！"

几个高年级男生听了她的话，连头也不敢回，从巷子的另一头迅速地溜走了。

这时，男孩的脸暴露在了所有人面前，他从几个女同学的眼中看到了惊讶和一丝害怕。当他冷漠地准备戴上自己的头盔时，却被那个新来的女孩拉住了："今天真的谢谢你，你太勇敢了，你是我们的英雄。"女孩的眼神亮晶晶的，里面既没有厌恶也没有鄙夷，而是充满了真挚。

男孩愣住了，他小声地问道："我真的是英雄吗？你们不觉得我是怪物吗？"

女孩大声说道："你当然是英雄，如果不是你，我们今天就要被抢劫了，是你救了我们，谢谢你。而且你长得这么特别，和普通人一点儿也不一样，这是你的特点啊！别人想不一样，还没机会呢！对了，我叫露易丝，你愿意成为我的朋友吗？"

听了女孩说的话，她身后其他几个女孩也露出了笑容。

男孩点点头："你好，我叫阿姆斯特朗，我愿意和你做朋友。"

这天，男孩和露易丝以及其他几个女孩成了朋友，没过多久，班上其他同学听说了这件事，也开始慢慢和男孩成了朋友。男孩被大家的友好和鼓励感动，慢慢解开了自己的心结，在学期末的结业典礼上，男孩第一次摘下了自己的口罩。那一刻，所有的人都为他鼓起了掌。

男孩成长加油站：

人不可貌相，海水不可斗量。衡量一个人的标准不应该是外貌，而应该是内心。只有内心纯真、善良、勇敢的人才能得到周围人的尊重和喜爱。就像故事中的男孩一样，他虽然有着奇特的外表，却拥有一颗勇敢、善良的心，因此他收获了同学的友谊。日常生活中有些男孩会因为自己某些比不上别人的地方而感到自卑，例如长不高的个子、瘦弱的身材等，其实这完全没有必要，只要你拥有一颗善良的心，你就是一个优秀的人。

关爱男孩成长课堂

男孩不要过分注重外表

随着社会经济的发展，人们的生活条件也越来越好，许多男孩在家里备受宠爱，吃穿住行全部是最好的。他们要求衣服鞋子必须穿名牌，衣服破了绝对不能补，穿有补丁的衣服就是丢脸的事，"面子"比什么都重要。这样的做法是不对的，不但会造成浪费，还会让男孩养成过分注重外表的习惯。

对于一个人来说，外表是会变化的，再光鲜亮丽的外表也不可能永远维持，勇敢善良的心灵却可以永远闪亮。因此，男孩要注重心灵的成长，让自己成为一个有能力、有本事的人，而不是金玉其外败絮其中的人。

不过分注重外表并不代表可以邋邋遢遢，仪容也是待人接物时一张展现自我的名片。有些男孩不注重个人卫生，头发经常乱七八糟，不喜欢换洗衣物，整个人邋里邋遢，这些都会给人留下不好的印象，也是不可取的。仪容的要求在于着装干净、整洁，精神焕发，而不在于衣服有多好

看，有多贵。

　　好看的外表可以给人留下不错的第一印象，但是好看的外表并不能代表全部。有些男孩因为觉得自己长得不好看就认为自己不优秀，这样的想法也是不对的。长相不是判断一个人是否优秀的唯一标准，如果一个长得好看的人没有一点内涵和能力，他也只是个空有好看皮囊的"花瓶"而已。因此，千万不要因为自己的长相而产生自卑心理，这是自己给自己戴上的枷锁罢了。

　　不要过分在意自己的外表，努力做个内秀的男孩，只有这样才能让自己成为人群的焦点、祖国的栋梁。

 自我暗示的作用

陈双是一个调皮捣蛋的男孩，老师、父母教育了他许多次，他还是屡教不改，老师拿他十分头疼。

这天，他又犯了错误。他在下课的时候拿着水杯和同学追打，结果将水全部倒在了老师下节课要发的试卷上。

"一会儿放学留下来，我会叫你爸爸来。"老师留下这句话，便赶去上课了。

到了放学的时候，陈双惴惴不安地看着爸爸进了老师的办公室。十分钟后，老师将他叫进了办公室。他看着爸爸严肃地坐在老师旁边，本以为自己会受到严厉的批评，没想到老师竟然和颜悦色地对着他说道："陈双同学，老师这次叫你爸爸来是为了告诉你一件事。还记得前两天老师让你们带回家去做的那道智商测试题吗？"

陈双一头雾水地点了点头，那道测试题，他就是当成家庭作业随便做做，好像被他爸爸看到了。

"是这样的，经过老师对测试的判断，你是我们班智商最高的。所以老师对你寄予厚望，想让你成为班级的榜样。但是你要答应老师，不能把这个结果告诉其他同学，可以吗？"老师期望地看着他，一旁坐着的表情严肃的爸爸脸上也露出了期望的神色。

陈双没想到自己随意完成的试卷竟然会得到这样的结果，欣喜地点头道："好的，老师，我一定不会辜负您的期望。"

老师满意地点点头，让他和父亲回家了。回家的路上，父亲还笑着对他说:"老师说让你成为班级的榜样,你这个学期是不是应该考个第一名给老师看看。"

陈双听到爸爸的建议,又想了想自己那看着都头疼的成绩,心里有些忐忑,心虚地说道:"这太难了。"

爸爸认真地说道:"这有什么难的,你可是班上智商最高的,进步速度肯定比别人快,这对你来说是小事啊。"

爸爸的话让陈双有了信心,从这天开始,他像变了个人一样,上课认真听讲,按时完成作业,不懂的地方还主动向老师请教。期中考试结束,陈双有了进步,但是离自己第一名的目标还有一段距离。他心里有些难过,但是一想到老师和父亲对他的期望,他又给自己打气道:"已经进步这么多了,凭借我的努力,一定可以在期末成为第一名的。"

后面的日子,陈双更努力地学习,同学、老师都惊诧他进步的速度。陈双以前的朋友奇怪他为什么突然这么努力,陈双想到老师说的不能告诉其他同学,便说道:"因为我想证明自己可以变得很优秀。"

期末考试,陈双取得了第一名的好成绩,老师在班上表扬了他的进步。后来陈双一直都保持着优秀的成绩,直到毕业。

毕业的时候,陈双去学校向老师表达了他的感谢,如果不是当年老师告诉他智商测试的结果,他今天也不可能以如此优异的成绩毕业。

老师笑了笑,说道:"你应该去感谢你的爸爸。那天我本来是很生气地想要批评你,是你爸爸拜托我和他一起演了这一出戏。其实那个智商测试只是一个趣味测试,根本没有什么结果,你今天能取得这样的成绩,都是你自我暗示的结果。"陈双这时才恍然大悟。

男孩成长加油站：

　　故事中陈双的父亲如果只是一味地教育孩子，告诉他应该好好读书，陈双不一定能听进去，因为这样的选择不是他自己做出的，也不是他内心真实的想法。于是父亲联合老师对他说了一个善意的谎言，让他有了"自己是最聪明的"这样一种自我暗示。在这样的自我暗示下，他开始努力，并最终取得了令人惊讶的结果，因为自我暗示给了他自信的基础和努力的动力。

关爱男孩成长课堂

如何自我激励？

　　一件事情是否能成功，跟做事的人的心理有着极大的关联。男孩们在着手做一件事情之前，是否会进行自我暗示和自我激励呢？如果你没有这样的习惯，不妨按照下面的步骤试一试，能提高你想做的事情的成功率。

　　首先，稍微调高目标。如果你原本的目标是达到80分，不妨将这个目标稍微调高一点，变成85分，并且自我暗示：一定能做到。这样做不仅有利于激发你的潜能，还能让原本的目标更容易达成。

　　其次，尽量让自己离开舒适区。长期的舒适会像温水煮青蛙一样让你疏于思考，慢慢懒散。经常让自己离开舒适区接受几个挑战，可以维持你思维的活跃性和行动的迅捷性。这样当你面临真正的挑战的时候，更容易进入状态。

　　最后，将失败的后果想得更严重一些。做一件事情之前，我们可以先想象一下自己取得成功时的喜悦和得到失败后的伤心。你可以想象失败的

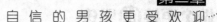

后果，并且在想象时适当将自己的恐惧情绪放大一些，记住，是适当地放大，而不是无休止地放大。因为适当的恐惧情绪可以成为前进的动力，而无休止的恐惧则可能摧垮你的信心。想象完失败的后果之后，你就能告诉自己，失败的后果如此严重，所以一定要成功，不能失败。

 ## 做事不要犹豫不决

军军是个成绩十分优秀、兴趣爱好广泛的男孩，唯一的缺点就是自信有些不够，所以每次做事都有点犹豫。这天老师叫他到办公室，告诉他，学校需要派人去参加全市的一次科技知识竞赛，老师觉得他很适合，决定派他去参加这个为期三天的比赛。

军军听了之后，第一反应是认为自己知识储备还不够。老师安慰他道："我们都相信你的能力，你可以的。"

军军说道："老师，您再给我一天的考虑时间，可以吗？"

老师同意了。

军军回到教室，先是跟自己的同桌也是自己最好的朋友说了这件事。同桌兴奋地说道："这个机会多好啊！我想去还没有机会呢！你这么优秀，肯定能得一等奖的！我听说这次的奖品很丰厚呢！"军军为难地说："可是，我不一定会得奖。再说，学校派人去，应该是希望能拿一等奖吧，如果我只拿到一个二等奖，会不会让老师们失望呢？"

同桌鼓励道："不会啊，你不要想这么多嘛，能够去参加就是一件幸运的事了，不是吗？"军军面色凝重地摇了摇头。

放学后，他回到了家里，妈妈见他愁眉不展，便问他发生了什么事。他把这件事告诉了妈妈，妈妈挑眉说道："这是好事啊，学校派你去参加，就是对你的优秀的肯定嘛。"

军军犹豫着说道："但是我担心自己表现得不好，会让老师失望，又担心自己会在比赛中丢脸。"

"傻孩子，世界上没有什么事情是有绝对把握的，如果你只想做百分百成功的事，那么你一件事也做不成，犹豫不决是成功的大忌。"妈妈语重心长地说道。

军军听了妈妈的话，虽然内心有所触动，但还是翻来覆去一晚上也没有睡着，结果因为被子没盖好，第二天感冒了，只能请假去医院打针。等到第三天，军军回到学校想跟老师说自己同意去参加这个比赛，老师却不好意思地告诉他，因为他没有及时给回复，老师已经找了其他同学了。

后来，这位同学不但在市里取得了很好的名次，还作为代表被推举到省里参赛，最后还在暑假参加了全省的夏令营，而错失了这次机会的军军只能后悔不已。

机会是稍纵即逝的，如果你没有抓住它的勇气和魄力，就会错失，犹豫不决、过度思虑是成功的大忌。上帝从来不曾赐予任何人特别的机会，所有的机会都要依靠自己的勇敢果断和勤奋努力去争取。

曾经有一个很优秀的年轻人，他一直想干一番大事业。他的朋友推荐他去做金融投资，他摇头道："这个风险太大了，我还是等一等吧。"然后又有朋友推荐他去当培训讲师，他思考一阵又摇头道："这个工作太累了，上一节课才50块钱。"就这样过了一年又一年，他的同龄人都成了各个行业的翘楚，他却还在挑挑拣拣，一事无成。有一天，他到了一个苹

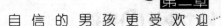

果园，发现苹果园的苹果长得非常好，忍不住感叹："这块苹果园的主人真幸福啊，上帝给了他一块如此肥沃的土地。"苹果园的主人听了之后笑道："难道你曾经看见过上帝在这里耕耘吗？"

男孩成长加油站：

培根说过："人在开始做事前要像千眼神那样察视时机，而在进行时要像千手神那样抓住时机。"机不可失，时不再来，每个人其实都是上帝的宠儿，成功的人只是比较善于抓住眼前的机会。机会的魅力在于，它充满未知和挑战，却有可能通往成功。当机会摆在面前时，一定不要犹豫，勇敢抓住才是硬道理，不然和机会擦身而过，你就只能剩下后悔和叹息。

关爱男孩成长课堂

做勇敢果断的人

世界上光说不做的人有许多，他们总是给自己找许多的借口，例如，机会还不够成熟，成功的把握还不够大，其实，这里面有绝大部分的人是在犹豫。过犹不及，这样的犹豫往往和鲁莽冲动一样，是无比糟糕的。犹豫不决不仅是不自信的表现，还可能会造成更加严重的后果，它不但让你一次次错失良机，还可能让你失去别人的信任。那么如何做一个勇敢果断的人呢？我们可以在日常生活中养成这样的习惯。

首先，不要给自己太多选择。如果你要做一个决定，最多给自己三个选择，因为，一个选择往往不够慎重，而选择太多，又容易犹豫不决。最

好只给自己两个选择，是或者不是，这样，决定就会变得简单很多。

其次，给自己设置考虑的时间。无时间限制的考虑往往会放大人的焦虑，让你对未来产生越来越多的害怕，因此，当你要做一个决定之前，可以给自己规定一个硬性时间，例如，一小时、半天或者一天，你必须要求自己在时间到之前做出决定，绝对不能让自己一直思考，一直犹豫。

最后，一旦做出决定，就不要后悔。世界上没有后悔药，时间也不会再重来。千万不要在做出决定之后，去想如果当初换一种选择，结果会不会更好，这样只是给自己徒增烦恼罢了。你永远要相信，自己做出的一定是最好的选择，这样你才会更有信心、更努力地去拼搏。

机会摆在敢于抓住的人面前才叫机会！做个勇敢果断的男孩，大胆抓住机会，去努力追寻自己的成功吧！

 自我反省的重要性

格里没到放学时间就被学校的老师送了回来，脸上还挂着没有干的泪珠。格里的母亲看到后非常奇怪，问老师是怎么回事。

老师说："放学前，同学们在排队的时候，格里在队伍里动来动去，然后和另外一个小朋友撞在了一起，起了一点冲突。我批评了他，他却大哭起来，还一直说自己没有错。"

母亲跟老师道了歉之后带着格里进了家门。关上门，她看着格里说："男子汉不能动不动就哭，你现在先说说是怎么回事。"

格里委屈地哭着说："我在队伍里跟马克撞在了一起，他就不停地推我，我生起气来踢了他一下，结果他就开始哇哇大哭起来。老师过来，看到马克哭了，就先批评了我。我明明没错，是马克先推我的！"

"那你告诉我，你觉得这件事你有责任吗？"母亲看着还在擦眼泪的格里，平静地问。

"我没有，是马克，如果他不推我，我就不会踢他，都是他的错！"格里愤愤不平。

"如果你好好排队，没有在队伍里乱跑，还会撞到马克吗？那他还会推你吗？你又会踢他吗？后面的事情还会发生吗？"母亲严肃地问道。

格里的嘴唇动了两下，默默地低下了头，不出声了。

母亲将他带到餐桌前坐下："所以，以后遇到事情的时候，你要先仔细想想，责任到底在谁。你是男子汉，可不能什么责任都推到别人身上，要先从自己的身上找原因。你要学会对自己的行为负责，知道吗？"

　　格里点点头，眼眶有点泛红。

　　母亲接着问道："那你接下来要怎么做呢？"

　　格里老老实实地回答："我会先去跟马克道歉，我不应该撞到他，更不应该踢他。然后再去跟老师道歉，我不应该不听老师的话在队伍里乱跑，引起骚乱，破坏了队伍的秩序。更不应该在老师批评我之后还不满，让老师送我回家。"

　　母亲赞许地点点头说道："知错能改、敢于承担责任的人才是真正的男子汉。"

　　第二天放学，格里开心地回到了家里，将手里的小红花和玩具汽车递给了母亲。

　　他开心地说："我今天跟马克道歉了，结果他也不好意思地说他不应该推我，还大哭，害得老师批评了我，他还送我他的玩具汽车。然后我们俩一起去跟老师道了歉，老师奖励我们一人一朵小红花。"

男孩成长加油站：

　　每个人在遇到事情的时候都应该学会先分析原因，而不是冲动地去责怪别人。格里的母亲正是因为清楚这一点，所以在格里说起与同学的矛盾时，并没有立刻责备他，也没有附和格里，说都是马克的错，要找马克算账，而是慢慢跟格里分析，让他找到自己身上存在的问题，然后再寻找正确的解决方法。

　　成功的道路上我们会遇到各种阻碍，善于反省、敢于对自己的行为负责的人，才能够披荆斩棘，突破这些阻碍，找到正确的方向。

关爱男孩成长课堂

学会自我反省

反省是一种提高自我的方法，它对人的主观能动性有比较强的要求。通过反省，我们可以正确认识到自己的错误与不足，然后改正，这样我们的生活才会越来越幸福。一个从来不反省的人，只会让自己成为一个安于现状、不思进取的人。

反省是一种更好地认识自我的办法。生活中没有人是完美的，每个人都要对自己有清醒的认识，才能更好地规划、安排自我，不断进步，走向成功。及时自我反省可以尽早发现自己身上的缺点和不足，尽早改正，及时止损，是一种防止错误更大化的好方法。另外，自我反省有利于及时调整自我，实现自我，取得成功。

反省是一种实现自我的方式。男孩为自己确立目标，然后朝着目标不停地奋斗，在这个过程中，会遇到困难、阻碍，也许是自己的能力不足，也许是目标定得有些不切实际。因此，我们可以在实践的过程中，结合实际，通过反省的方式不断改进、提高自己的能力，修正自己的目标，这样，我们便能更好地实现自我，达到目标。

自我反省是一种非常重要的能力，学会自我反省，你的人生可能会开启新的篇章！

 ### 感谢批评你的人

毕加索在年轻的时候非常喜欢诗歌，他把业余时间全用在了写诗上，想着有一天能成为世界瞩目、受人景仰的文坛巨星。

一天，毕加索的一位朋友来到他家，看到满屋的诗作，赞赏道："哦！你的诗文怎么如此美妙！这是我见过的写得最好的诗了。"

"你真的觉得我写得好吗？"毕加索满怀期待地问。

"当然，亲爱的，我怎么会骗你呢，我无法相信这些佳作出自你的笔下！"朋友说道。

朋友的鼓励增强了毕加索写诗的信心，他夜以继日地写，写出了无数令自己满意的诗作，还满怀信心地拿去给街坊邻居看。"这些都是些什么啊？完全是烂诗啊！"街坊邻居看了他的诗之后都是这样的反应。这并没有打击到他，毕加索认为这只是因为邻居们不懂得如何欣赏诗。

于是，他走进了一家书社，找到老板："您好，我有一篇佳作想让您欣赏一下！"老板接过他的诗，只看了一眼就说道："这是你写的吗？你这样的诗，在这里每天都有几十份被我否定，你有什么自信说你的诗是佳作啊？"说完随手将诗稿放在一旁。

毕加索走出书社，回头往里望去，喃喃自语道："一定是这个书社老板无法发现我的诗歌的亮点，我应该找一个懂诗歌的人，他才会发现我的诗歌真正的美丽之处。"于是，毕加索去寻找他喜爱的诗歌评论家斯泰因夫人，想请她评价一下自己写的诗。

毕加索在一个宴会上遇到了斯泰因夫人，他恭敬地说道："尊敬的斯

泰因夫人，我是毕加索，我有一个小小的请求，请您评价一下我的诗歌，谢谢了！"

斯泰因夫人很快把毕加索写的诗歌读完了，她说："这位先生，您的诗并不能称得上多好，只能说是断句的组合罢了。写诗是需要灵性的。我只能说你没有写诗的天分，趁你还年轻，去选择一个适合你的工作吧！"

毕加索失魂落魄地回到家中，他本以为自己的作品会得到斯泰因夫人的赏识，却没想到会得到这样的评价，原来自己根本没有写诗的天赋。想了一夜的毕加索终于意识到自己只是因为朋友的一句奉承就得意忘形了，自己应该赶快去找一份适合的工作，不应该再在写诗上浪费时间与精力。毕加索痛苦地烧掉了自己所写的诗歌，放弃了当诗人这个不切实际的梦想。从那以后，毕加索在许多领域都进行过尝试，在一次次失败中，他发现自己对绘画最有天赋，便努力往这个方向发展。

后来，毕加索回忆自己寻找天赋的这段时光，非常感谢给予自己批评的街坊、书社老板和斯泰因夫人，是他们让他认清了自己不适合写诗，使他转而走上了绘画这条更适合自己的道路。

男孩成长加油站：

"良药苦口利于病，忠言逆耳利于行。"真正的朋友是会设身处地地为朋友着想，不对朋友说违心的好话，即使可能让朋友生气也愿意指出他错误的人。当我们遇到愿意指出我们的不足的朋友，应该珍惜；遇到愿意批评我们错误的人，应该感恩。也只有这样，我们才能遇到更多愿意真诚与我们交往的朋友，并改正自己身上的缺点与不足。

关爱男孩成长课堂

男孩如何面对批评

如果生活中有人直言指出你的不足与缺点，你会如何面对呢？

首先，要保持一个良好的心态。"完美"这个词在生活中是不存在的。我们必须认识到，没有人能永远不犯错误，错误是让我们学会正确的开始。当我们拥有了这样的良好心态，再面对别人的批评就会心平气和。当我们犯了错误受到批评，千万不要产生自暴自弃的想法，也不要因为批评而生气，更不要对此耿耿于怀、蓄意报复，而应该要用冷静、大度的态度去面对。

其次，要欢迎正确的批评。一个人如果长期处于被赞扬的环境中，就很容易对自己产生错误的判断，变得骄傲自满。因此，想多了解自己，我们应该多接受一些外界的批评，例如老师和父母对我们的教育，同学朋友给我们的建议。然后再根据这些建议反省自己，自己是不是真的犯了这些错误。如果建议正确，那么我们不但应该积极改正，还应该感谢向我们提出建议的人。也许有时别人批评我们时，方式不是那么恰当，但是如果我们能通过这样的方式认识错误，改正错误，这也会让我们获得成长。

最后，要善于接受批评。善于接受批评是提高个人素质的一条途径。面对批评，我们要分析原因，思考对错，寻找对策。如果批评与意见是正确的，我们还要积极改正。在这个过程中，我们可以提高分析、思考、应变和解决事情的能力，完善对自己的认识，加强对自己的要求，不断进步。一个善于接受批评并及时改正的人，会是一个越来越优秀的人。

所以，男孩们，面对批评，不要说"No"，正确对待，才能迅速进步，走向成功！

宽容是一种美德

有一个青年人，总是会因为一些鸡毛蒜皮的小事而生气，他自己也知道这样很不好，但总是控制不了自己，改不掉这个坏毛病。有一天，他去了一座寺庙，找了一位著名的禅师，希望他能够帮助自己，让自己的心胸更加开阔一些。

他来到寺庙，跟禅师表达了自己的苦恼。禅师听了他的话，笑着说道："我有办法可以帮助你。"说完，便带着他来到了一间禅房："你进入这间禅房，便能明白。"

年轻人进了禅房，禅师便在外边将门锁上，然后一言不发地离开了。年轻人十分生气，破口大骂，外面却没有一点回应。骂了许久之后，年轻人觉得很累，便开始哀求禅师放他出去，外面仍旧没有回应。没过多久，年轻人不再哀求，沉默了。

这时，禅师来到了禅房外，问道："你是否还在生气？"

年轻人用力捶了一下锁住的门说道："我没有生你的气，我只是气我自己为什么要到你这里来受这样的罪。"

禅师说道："你连自己的气都生，如何做到不生别人的气？"说完，禅师又离开了。

年轻人在禅师离开之后又骂了几句，但是他知道骂没有任何用，只好在门边坐下，开始思考。

没过多久，禅师又来了，他问道："你还在生气吗？"

年轻人回答："我不生气了。"

禅师问道："为什么不生气了？"

年轻人无奈地说："因为生气也没有办法。"

禅师听了，说道："其实你还在生气，只是暂时将怒气压抑在了自己心里，并没有让它消失，等到了爆发的时候，它们会更加剧烈。"禅师说完，转身而去。

又过了一会儿，禅师又来到了门边，问道："你还在生气吗？"

年轻人回答："不气了。"

"为什么？"禅师问。

"因为生气不值得。"

禅师笑着摇摇头："用值不值得去判断生不生气，说明你心里还是在衡量，心中有气根存在，如果遇到了你认为值得生气的事，你还是会生气。"说完禅师又离开了。

夕阳西下的时候，禅师再次来到了门边，笑着问道："年轻人，你还有气吗？"

年轻人问道："什么是气？"

禅师哈哈大笑，用钥匙打开了锁上的门，说道："什么是气？不过是用别人的错误来惩罚自己的愚蠢手段罢了。"

男孩成长加油站：

马克·吐温说："紫罗兰把它的香气留在那踩扁了它的脚踝上，这就是宽恕。"在日常生活中，人们难免会和他人产生矛盾，这时候，如果大家都互不相让，那么面对的事情不但无法解决，可能还会变得更糟。宽容是一种美德，它是个人素质的体现，是融洽人际关系的秘诀，是美好生活

的艺术。宽容待人，你将会收获更多的快乐。

关爱男孩成长课堂

控制脾气的小方法

男孩在日常生活中遇到事情容易冲动，无法克制自己的脾气。对人发脾气就像往墙上钉钉子，即使拔掉了钉子，也会留下不可磨灭的痕迹。所以，男孩在日常生活中，要尽量克制自己的脾气，如果觉得自己无法控制，可以借用下面这些小方法。

第一，将生气的事写下来。生气的时候，不要将自己的怒火宣之于口，这样很容易说话不经大脑，说出一些违背本心、十分伤人的话。当你觉得十分生气、无法控制脾气的时候，找一张纸和一支笔，将让你生气的事情写下来。写的时候可以不需要克制，将自己想说的话全部写下。这样有一个好处，第一是写字的过程，可以给你一个缓冲冷静思考的时间；第二，写字也是一个将内心的愤怒宣泄出来的过程。当你将让你生气的事情写了出来，并写出了自己想说的话，你的内心就会平静很多。写完之后，你就可以将纸条撕碎，因为你生气的时候，需要的其实只是一个发泄的渠道而已。让这张纸成为你的渠道，而不要让你的家人、朋友或者陌生人成为你发泄的渠道。

第二，深呼吸。生气的时候，你是不是会觉得身体紧绷，心中似乎有一口气无法宣泄甚至直冲头顶？这一半是心理的反应，一半是身体根据大脑的指示做出的反应。如果再让这样的反应发展下去，你可能会失控地大吼大叫。所以，当你生气时，尽量深呼吸，一分钟不行就五分钟，五分钟不行就十分钟。将你的注意力放在你绷紧的部位，想象着，你正通过呼吸将身体中的气排出来。这样持续几次之后，你会发现你心中的气已经消散得差不多了。

第三，换位思考。有时候两个人之间发生矛盾并不是因为有一方做错了事，而是因为大家站在不同的位置从不同的角度思考问题。所以，如果你和朋友发生了矛盾，各执一词时，不妨问一问自己："如果我是他，我也会是这种想法吗？我也会做这样的事情吗？"如果得出的答案是"会"，那么你心中的怒气是否会消散呢？

面对事情，解决的办法有很多，发脾气往往是最没用也最不讨好的那一种，所以，克制脾气，宽容待人，凡事想开，这样你才能更好地生活。

正确认识自己的身体

杜小亮原本是班里的积极分子，班里不管有什么活动他都乐于参加，尤其是各种跟唱歌有关的活动。他声音好听，音准也不错，因此学了许多歌，每次都能给同学们露一手，还能给班里夺得荣誉，被同学们称为"小周杰伦"。

但最近，同学们发现他变了许多。平时爽朗大笑的杜小亮不见了，总是一个人坐在座位上默默地看书。大家一起去KTV唱歌的时候，他也一改原先的"麦霸"本色，一个人坐在角落里不吭声。同学们以为他遇到了什么不开心的事，关心地问他，他也不说。

有一次，他们班和别班约好一起去唱歌，为了让他在别班同学面前露一手，同学们还特地点了他最拿手的歌，起哄让他唱。他拗不过同学们的热情，只好唱了起来。这时，同学们才发现，原本嗓音动听的杜小亮的嗓子变得有些低沉、沙哑，甚至在高音部分还破了音。

"哈哈哈！"隔壁班的同学发出了笑声，"这就是你们班唱歌最好听的杜小亮吗？怎么嗓子跟公鸭嗓一样？好难听啊。"

杜小亮听到同学们的嘲笑，难过地跑出了KTV。回到家的杜小亮将自己关在房子里，他不知道自己的声音为什么会变成这样，甚至喉咙上还长出了一个凸起的小怪物，他怀疑自己是不是得了什么不治之症。

爸爸进了杜小亮的房间，发现杜小亮的情绪有些不对劲，在爸爸的追问之下，杜小亮说出了自己的猜想。谁知道爸爸大笑着说道："傻孩子，你这不是什么不治之症，你这是男孩在青春期正常的身体发育，是男孩成

长和成熟的象征。"

　　见杜小亮露出了疑惑的眼神，爸爸解释道："男孩在青春期，声音会变得嘶哑、低沉，这是因为在这期间，男孩的喉头和声带变长，这种状况大概会持续半年到一年左右。这期间，要注意清淡饮食，不要过度用嗓，保护好自己的声带。另外，喉咙上的小凸物也是男孩青春期另外一个重要的男性特征。男孩们进入青春期，随着身体里分泌的雄性激素的增加，喉咙内的软骨就会迅速增长，喉腔明显增大。这是每个男孩都会经历的过程。你看，爸爸也有呢！"

　　杜小亮通过爸爸的开导，心情开朗了许多，第二天去上学的时候，他找到昨天和他一起唱歌的同学，将爸爸告诉他的知识告诉了他们，嘲笑他的同学也因此真诚地向他道歉了。

男孩成长加油站：

　　青春期是男孩身体和心理都会发生巨大变化的一个时期，男孩们对于自己身体出现的变化不必产生惊慌害怕的情绪，也不用因此觉得自卑，而要通过科学途径多了解这方面的知识，有不懂或者疑惑的地方，可以向老师或父母求助。面对自己身体的变化，最重要的是要摆正心态，积极面对，健康饮食，规律作息，保持身体处于一个活力满满的状态。

关爱男孩成长课堂

男孩身体的小秘密

男孩的青春期是男孩从儿童向成人过渡的一个阶段，在这个阶段，男孩的身体会不断发育，趋于成熟，因此会出现许多变化，那么除了上面说的变声期和喉结之外，青春期的男孩身体还会有哪些变化呢？

第一，毛发的发育。青春期的男生们毛发会开始渐渐发育，面部会长出胡须，腋下会长出腋毛，外阴会长出阴毛。这些都是男孩在青春期的正常发育现象，大家不用觉得羞耻。如果心理上实在接受不了，男孩可以向医生咨询，用正确的方法来解决，千万不要自行处理，否则会对皮肤造成伤害。

第二，性器官的发育。青春期的男孩，睾丸和阴囊会迅速生长，会开始出现遗精现象，这也是青春期男孩的正常发育现象，是男孩成熟的标志。很多时候，男孩的第一次遗精是在睡梦之中。男孩醒来，发现自己出现了遗精现象，不要焦虑，这是因为精液在体内达到了饱和状态，自动排出。面对遗精现象，男孩只要注意个人卫生，自己认真清洗内裤，就不会有什么大问题。

第三，青春痘。青春期的男孩雄性激素分泌加大，皮肤油脂分泌旺盛，很容易产生皮肤问题，青春痘就是一种最常见的皮肤问题。有些男孩因为平时没有太注意个人卫生以及皮肤油脂分泌过于旺盛，导致了严重的青春痘症状。当男孩出现这种问题，不要自卑，正确的做法是及时就医，在医生的指导下正确面对、治疗。

青春期的男孩生理和心理都会出现显著变化，这些变化最先感受到的一定是男孩自己。当男孩发现这些变化时，一定要正确对待，如果有困惑或者问题，一定要及时向父母、老师或者医生寻求帮助，不要自己偷偷解决。希望每一个男孩都可以愉快度过自己的青春期，成为一个顶天立地的男子汉。

 # 男孩如何面对 "早恋" 问题

陈伟是个新转学来的男孩。转学来的第一天，老师将他安排在班长李晓露的旁边，让李晓露多照顾一下新同学。

李晓露是个活泼开朗又乐于助人的女孩，她带陈伟熟悉校园，给陈伟介绍学校特色，给陈伟讲他不懂的题目。在李晓露的帮助下，陈伟迅速地融入了新学校的生活，并且成绩也有了一定的提高。

不知道从什么时候起，陈伟发现自己对李晓露有了不一样的感觉。每天他都不由自主地想去关注李晓露的一言一行，想多和李晓露说几句话，他认为这种感觉就是爱情。但是他也有一丝困惑，他们现在这个年纪，老师和家长都反对谈恋爱这件事，因为将学习的精力分散到其他方面肯定会影响学习。

陈伟困扰了好几天之后，终于忍不住将自己的感情写成了一封情书，但是这封情书他还没来得及放进李晓露的书包里，就不小心掉在走廊上被老师捡到了。

老师将情书带回了自己的办公室，让陈伟一整天都心神不宁。放学的时候，老师让他去办公室一趟，他以为老师肯定是要狠狠地批评他一顿。

他忐忑地走进了老师办公室，却发现老师和蔼地看着他。

"老师，我错了。"陈伟一进办公室就低下头道歉。

老师让他坐下来，拍着他的肩膀说道："你没有错，对异性产生好感是青春期的正常现象，每个人都会有。我们要学会的，就是如何正确对待这个现象。"

陈伟疑惑地看着老师，老师问道："爱是什么，你知道吗？"

陈伟摇了摇头，老师继续说道："爱情不是简单的冲动和好感，它代表了责任和义务。当你发现自己对女孩有了好感的时候，你应该问自己，我现在可以肩负起爱的责任吗？我有能力可以承担爱的义务吗？我这个阶段最重要的事情是什么呢？如果没有考虑清楚这些问题，盲目地让自己陷入早恋，是会产生许多危害的。首先，因为你们现在的心理和生理都还没有成熟，如果过早地让感情影响自己，可能会让你们不够成熟的心受伤。其次，当你将过多的精力投入到恋情中，自己的学习和生活都会受影响，浪费宝贵的时间，成绩也会下降。另外，早恋还可能给青春期的孩子带来身体上的伤害，甚至导致犯罪。在心理和生理都不成熟的时候，偷尝'禁果'，是非常不负责任的表现。"

陈伟听了老师的话，受教地点了点头，说道："老师，我明白了，我会好好思考您的教导，认真梳理自己的这一份感情，不会冲动地将它说出口，做出不负责任的事。"

男孩成长加油站：

"早恋"不是洪水猛兽，是青春期的一种正常现象，因此，不要因为自己内心对异性产生了好感就觉得自己与众不同，产生自卑或者害怕的心理，这是青春期男孩必须有的一个正确的认知。当男孩发现自己可能有"早恋"的倾向时，千万不要将这种感情鲁莽地付诸行动。在这个问题上，男孩要争取做"思想的巨人，行动的矮子"，认真考虑，仔细分析。

关爱男孩成长课堂

男孩如何面对"早恋"

当你发现自己心里似乎有了一个有好感的女孩时，不要冲动地立刻去找她说出自己的想法，也不要因为觉得是羞耻的事情就一个人埋在心底，应该用正确的态度和方法来面对这一情况。

首先，我们可以寻求帮助。老师、父母都是我们可以寻求帮助的对象，他们的心理比我们成熟，阅历比我们丰富，可以给我们好的建议与方向。和老师或者父母沟通时，认真表达自己的想法，有困惑直接提出，不用扭捏，要相信父母与老师。

其次，我们可以转移自己的注意力。当你发现自己越想解决某件事，就越容易陷在这件事里出不来。因此，一个很好的解决办法是，多去参加一些课外活动，丰富自己的生活，拓展自己的视野，这样不仅可以转移自己的注意力，让自己不要过多地去思考这件事，也许还能在拓展自己视野的过程中，重新整理自己的情绪，让自己冷静下来。

最后，约定一起解决问题。也许在你说出自己的想法之前，另一方就冲动地对你表达了自己的想法，那么你应该如何处理这件事呢？最好的办法就是两个人都冷静下来，认真思考、分析这件事，让冲动的情感成为两人一起进步的动力。例如，两人可以约定，暂时将感情放到一边，先做普通同学，可以互相鼓励，一起将精力放在学业上，互帮互助，等到考上心

仪的大学之后，两人再来梳理这一份情感。

　　一份真正的感情应该是鼓励人向上，让人生活得更好，并且经得起时间的考验的。男孩要在现在的时间认真学习，积极向上，将来才能担负起人生和家庭的责任，获得一份自己希冀的感情。

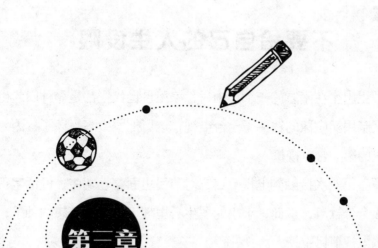

第三章

坚持让男孩更容易成功

不要给自己的人生设限

罗生出生在南方的一个小山村，家里世世代代都是靠种田为生。几天前，父亲用卖庄稼的钱买了一台电视，这可把罗生高兴坏了，因为这是他们村里的第一台电视机。

罗生第一次接触到电视节目，对节目里面穿着端庄、说话字正腔圆的主持人十分钦慕，从此，小小的罗生心里埋下了一颗梦想的种子，他想成为一名电视节目主持人。

父母听了罗生的愿望，都一笑置之；小伙伴们听了罗生的愿望，用方言嘲笑他说："来我们这里教书的语文老师都说我们的普通话是她教过的学生里面最差的，你还想当那些需要普通话说得那么好的主持人，简直是在做梦。"

的确，南方地区方言众多，可谓"十里不同音"。罗生从小生活在方言的环境里，直到上学才开始慢慢接触到普通话，他的普通话，大概只到日常交流能让别人听懂的程度。但是罗生不愿意放弃，他最喜欢看的那个电视节目的主持人经常说的一句台词就是："只要你有梦想，那么它就有可能实现。"

于是罗生找到了自己的语文老师，跟她说了自己的愿望。

语文老师没有嘲笑罗生不自量力，反而让罗生每天放学过来找她，然后她再花上一个小时给罗生做普通话的培训，纠正他的发音，老师的帮助让罗生进步飞快。

初中时，罗生离开小山村，去了县里。他看到学校有主持人的兴趣班，便立刻报了名。

进了兴趣班，他才开始接受比较系统的主持人培训。但是，他的成绩在兴趣班也仅仅是中等偏下，因为兴趣班里许多同学都是县里的，有些人从小就参加各种主持人培训班，而普通话更是比他好得多了。

在兴趣班的日子，罗生从来没有因为自己的成绩不好就失落或者放弃自己的梦想，反而为自己能有这么好的机会，有这么多优秀的同学而开心。三年的坚持让罗生一直在进步，到初中毕业的时候，罗生的普通话水平已经是兴趣班里的前三名了。

高中时，罗生课业繁忙，没有办法再去参加主持人兴趣班，但是他每天早上会比同学早起一个小时，练习之前兴趣班上所教的基本功。这时的罗生，普通话已经很好了，学校各种活动的主持，老师都会优先考虑让他来担任。

高中毕业的罗生准备考全市排名第一的广播院校，但是，令人唏嘘的是，参加面试的前一天，他不幸得了感冒，状态十分不好，也因此和广播院校的招生机会擦肩而过。面对这样的结果，罗生毅然选择了辛苦的复读生活。

上天没有辜负罗生的努力，第二年，他以第一名的成绩考入了广播院校。在广播院校学习期间，他将自己的梦想"成为一名优秀的电视节目主持人"写在小纸条上，贴在自己的床头。四年的学习，从未有一点松懈，罗生始终保持着第一名的成绩。最后，毕业时，他凭借优秀的成绩和校长的推荐成功进入了电视台，正式成为一名电视节目主持人。

第一次主持节目后，他的搭档问他："今天是你第一次主持节目，你心里有什么感想？"

罗生说道："我想对十四年前没有放弃自己梦想的小男孩说，不要为你的人生设限，坚持，就会离梦想更近一步！"

男孩成长加油站：

梦想不会给每个人设限，能给你设限的只有你自己。罗生出身平凡，个人条件也不如别人优秀，可是他敢于说出自己的梦想，并且为了梦想而努力。如果你有想实现的梦想，就不要给自己找借口说"这个梦想太遥远了，我实现不了的"，或者"我的先天条件比别人差太多，我做不到"，这些都是借口。真正勇敢的人，从来不给自己的人生设限。

关爱男孩成长课堂

人生没有极限

男孩是否会有这样的疑问：人生的极限到底在哪里呢？我会告诉你，人生没有极限。对照一下下面的事例，看看你是否在这些地方给自己的人生设限：

班里的同学都会打篮球，所以男孩A想学篮球，但是他总是跟自己说："别人以前就会打，我都十五岁了，还得重新去学习怎么打篮球，从最基本的技巧开始练起，我不行的，等我学会的时候，别人的技术可能都提高许多了，我永远也追不上他们。"这样的想法其实是给自己的年龄设限，想想，为什么一位五十多岁的保安还可以在自学的情况下考上北京大学？他有因为自己的年龄就放弃学习吗？

男孩B对做饭很感兴趣，他想在家跟妈妈学一学。可是他一想到一个男孩如果说喜欢做饭很可能被人嘲笑，就不敢提出自己的想法。男孩B的想法其实是在给自己的性别设限，"男生就应该做什么""女生就应该做什么"，这样的想法是错误的，任何性别在爱好、职业面前都是平等的。

男孩C很努力地学习，但是考试成绩总是不理想。他自暴自弃地想：也许我的智商就这样了，我怎么努力都不会有结果的，所以我还是放弃吧。也许一次理想的成绩很快就会到来，可是男孩C因为给自己的能力设限而与好成绩失之交臂。

天才是凤毛麟角的，大部分人都是普通人，条件都一样，为什么普通人中有人成功，有人失败？就是因为成功的人从来不给自己设限。他们只考虑自己够不够努力，不会考虑自己够不够资格。

 做事不要三分钟热度

李想人如其名，是个脑子里每时每刻都有新想法的人。今天看到电视里的钢琴家的演奏，就跟妈妈说自己喜欢弹钢琴，要去学。结果上了两天钢琴班，就说自己对弹钢琴失去了兴趣。没过多久，看到朋友买了新的乒乓球拍，他也很感兴趣。又对妈妈说，他爱上了打乒乓球，要努力成为下一个张继科。可是才打了一个星期乒乓球，他又把乒乓球拍压箱底了。他告诉妈妈，自己不适合打乒乓球，他跑得快，更加适合踢足球，又缠着妈妈买足球。妈妈拿他没办法，又给他买了足球，只是让他不要做什么事都只是三分钟热度。

李想自己也很苦恼，因为他好像对什么都很感兴趣，想做到最好。但是做了几天之后，发现事情并没有那么简单，就不想付出努力。而且，他的情绪很容易被周围的同学影响，发现同学们喜欢什么，他就觉得自己也喜欢什么。久而久之，他好像什么都做了，又好像什么都没做成。

李想跟老师诉说了自己的苦恼，老师对他说："当你自己脑海里有了一个新想法时，你把这个想法写下来，然后给这个想法列一个详细的计划，例如每天要为它做什么，做多久，这个计划要坚持到什么时候，做到什么程度才算完成了这个计划。并且，一个计划没有完成时，你不能让自己开始另一个计划。"

李想听了老师的建议，开始为自己目前想踢的足球列了一个计划：每天放学和同学踢一个小时球，至少踢完这一个学期。

一开始的一周，李想坚持得很好，但是到了第二周的时候，和他一起踢球的同学邀请他去家里玩新买的游戏机。李想动摇了，但是他想到老师说的，"一个计划没有完成时，你不能让自己开始另一个计划"，于是他拒绝了同学的邀请，一个人在绿茵场上练球。

有了第一次，第二次和第三次拒绝的时候，李想的心动摇得就没那么厉害了。李想终于将踢足球这件事坚持了一个学期，连妈妈都觉得格外惊讶。第二个学期的时候，李想因为飞速进步的球技，被选入了校足球队当前锋。因为列了这个计划，并且坚持做到了最后，他终于改掉了自己做什么事都三分钟热度的坏毛病。

男孩成长加油站：

人总是会有很多想法，但是这些想法是否能真正实现，还要看我们是否能将想法变为持续的行动。许多人一开始做一件事时会声势浩大，轰轰烈烈，可是坚持了没几天，就因为各种原因放弃，导致雷声大雨点小，事情永远也无法成功。成功=正确的方向＋持续不断的努力。做事三分钟热度的人，是无法获得成功的。做事三分钟热度，轻易放弃也会成为你的习惯，容易放弃的人又怎么能成功呢？

关爱男孩成长课堂

如何改变做事三分钟热度的习惯

每个男孩都会想要获得成功，但万事总是开头容易坚持难。你说每周要看完一本课外书，结果看了几分钟就被电脑游戏吸引了；你假期给自己制订一大堆伟大的目标，可是最后时间过了，才发现完成的目标屈指可数；你想让自己长期坚持一件事，却总是被突如其来的事情打断。这样导致你看起来什么事好像都做了，可每件事都没有很好地完成。

那么，要如何改变这个做事三分钟热度的习惯呢？下面我们来介绍几个实用的方法：

首先，入门要低强度。不要一开始就给自己制订非常难的目标，这样一旦没有达到目标，你很容易因为失去斗志而放弃。例如，你本来给自己制订的目标是每天看一个小时的书，你可以把这个强度先减小一点，例如改成每天看半个小时。等一段时间过后，你养成了每天看书的习惯，再慢慢把强度加上去。

其次，每天简单做记录。如果不用笔记录下来每天的变化，全凭自己的想象，那么你的计划就会变得十分随意。一旦这种随意感出现，你就会非常容易放弃。而用笔记录可以增加一种仪式感，从而消除这种随意感。另外，每天的记录也可以让你更加了解自己的变化，让自己有成就感，这样也可以成为坚持下去的动力。

　　最后，给自己设定例外规则。你永远不知道当你准备开始一项计划时会有多少琐事冒出来准备打乱你的计划，因此，当你给自己制订了一项计划，也要考虑到琐事因素，给自己设定例外规则。例如，当你因为身体不适或者突如其来的事情要临时打乱今天的计划，你要给出一个补偿的方案，或者是因为今天的时间不够，所以今天只进行一半的计划，或者是今天的时间已经没有了，但是你必须在明天加倍完成计划。这样的规则，可以让你的计划保持一定的弹性，你也不会在计划突然被打乱时就心生放弃的想法。

　　计划是死的，人是活的，再完美的计划也必须要人去执行才能实现，因此，要改变自己的习惯，还是要靠自己的坚持与努力。

时间是最好的证明

艾利克斯是小镇上一位有名的木工学徒，和他一起学木工的有四五个人。每次师傅让他们练习基本功，除了艾利克斯，其他人都会偷懒。

"何必这么认真，反正我们将来最大的成就不过是跟师傅一样在小镇上做木工而已，我们有现在这样的水平，已经差不多可以自己出去接活了。"一位学徒说道。

"没错，这些基本功太无聊了，只适合初学者做，对我们没有什么太大的用处。"另一位学徒说道。

艾利克斯听了他们的话，没有说话，只是笑笑，便继续按照师傅的要求练习基本功。

一年后，所有的徒弟都出师了。大家都开始自己接生意，做木工。只有艾利克斯一个人背着自己的行李准备离开小镇。

"艾利克斯，你要去哪儿？"一个已经接到了好几单生意的学徒朋友问他。

"我想去大城市，学木雕。"艾利克斯回答道。

"哈哈哈，木雕？那是艺术家的事，我们这种小镇上的小木工还是不要做这种白日梦了，你就算努力一辈子都不会有结果的。"朋友大笑道。

艾利克斯笑了笑，挥手作别了朋友，独自一人踏上了开往城市的火车。他来到大城市，打听到了城市里最有名的木雕大师的名字。可是城里想拜木雕大师为师的人数不胜数，他一没天分，二没背景，连木雕大师的面都见不上。

但是艾利克斯没有放弃，他在木雕大师的工作室外和其他人苦等了一个月后，看到工作室贴出了一则招聘保洁人员的公告，艾利克斯前去应聘并且得到了这个工作。

之前和他一起在工作室外等的人看到他做了保洁人员，嘲笑道："你想用这样的方法来接近木雕大师吗？不会有好结果的。"

艾利克斯没有反驳也没有辩解。他每天在工作室认真完成保洁工作，剩下的时间，就坐在自己的杂物间里认真地按照自己学到的知识练习木雕的基本功，不知不觉过了三年。有一回，木雕大师的一位弟子来杂物间找东西，看到艾利克斯的木雕，虽然木雕并不出彩，但是他很惊讶这竟然出自他们工作室的保洁人员之手。

他将这件事告诉了木雕大师，木雕大师亲自找来艾利克斯。他看了艾利克斯的作品，问了艾利克斯的经历，说道："你的天分很一般，就算拜我为师，十年内也不一定能有很大的成就，你还想继续自己的梦想吗？"

艾利克斯思考了几秒，点了点头。

木雕大师看了艾利克斯一眼，问道："我再问最后一个问题，你在这里做保洁人员已经三年了，怎么从来就没有想过利用机会来找我？"

艾利克斯只说了一句话："时间是最好的证明。"

木雕大师听了他的话，对他点了点头："从明天开始，你就别做保洁人员了，来做我的弟子吧。"

有人曾经问过木雕大师一个问题："在您所有的徒弟里，您最喜欢的是哪一个呢？"

木雕大师回答："是艾利克斯，他不是我的徒弟中最有天分的，也不是最聪明的，但是我知道，他一定会成功，因为他知道成功的真理，那就是时间。"

二十年后，艾利克斯成了木雕大师的接班人。

男孩成长加油站：

成功是没有捷径的。纵观市场上关于成功学的书多如牛毛，但没有哪一本敢将努力与坚持这两样品质抛弃在外。天才永远只是少数人，生活中的大多数人都只是像故事中的艾利克斯一样的普通人，但是"勤能补拙是良训，一分辛苦一分才"，只要你勤奋并坚持，时间终会带着成功来到你身边。

关爱男孩成长课堂

学会等待

在学习和生活中，许多男孩可能会有这样的疑问，我明明已经很努力了，为什么还是没有一点进步？产生了这样的疑问之后，男孩可能会慌张、会焦虑，从而影响自己努力的节奏。这个时候，你千万要告诉自己：学会等待，时间会证明一切。

等待，是冷静的方式。焦虑会让人心烦意乱，而等待则能让人静下心来。学习是一个漫长的过程，知识的运用也不可能立竿见影。与其焦虑埋怨或者自我放弃，不如静下心来慢慢等待，用心积累。过不了多久，你终会看到自己的进步。

等待，是做人的美德。上公交车时，你很赶时间，也许你前面是行动不便的老人，耐心等待老人上车，是尊老爱幼的体现。电影《泰坦尼克号》中，青壮年男人等待老人、妇女和孩子先上船，这里的等待，是人性的光辉。

等待，是人生的智慧。塞翁失马，焉知非福，当你学会等待，你会发现，许多看起来不好的事情，在经过等待之后，变成了一件好事。失败面前，韬光养晦是最好的方式，战败的勾践正是通过卧薪尝胆的等待，才最终成为霸主。

成功有时会姗姗来迟，年轻的男孩，不要灰心也不要焦急，学会等待，只要你一直努力，属于你的成功一定会到来。

 # 一切皆有可能

杨杰是个诚实善良的男孩，不过他一直很苦恼，因为他感觉自己做什么事都不能成功。看着周围的朋友们经常拿到各种各样的奖项和荣誉，他非常羡慕。

这天，他和朋友路过一个探险运动俱乐部，两人透过橱窗看到了俱乐部里的各种运动设施，同时被里面的室内攀岩这一项目吸引，他们都很想玩这个项目。

朋友想去找教练问问这个项目的价格，杨杰拉住朋友，说道："这个项目肯定很贵，我们两个人身上的钱加起来都不到两百块，我们还是别去问了。"

"既然我们都看到了，就问一问呗。如果太贵了我们不玩就是，没关系啊。"于是朋友便拉着杨杰进了俱乐部里。

"老板，你们那个室内攀岩的项目怎么收费？"朋友问道。

"两百一次，一次一小时。"老板笑眯眯地说道。

杨杰听了价格，小声跟朋友说道："果然很贵，我们两个人身上的钱

加起来都不够玩一次，我们走吧。"说完准备拉着朋友往外走。

朋友没有动，而是用渴望的眼神看着老板，说道："老板，我们两个是中学生，钱不太够，但是我们真的很想玩这个项目，你看你能不能给我们打个折？"

俱乐部老板打量了他们俩一眼，说道："这样吧，我们俱乐部新开张，正好也需要招揽顾客，我给你们俩打个五折，拍几张你们攀岩时候的照片放在我们店里，怎么样？另外，如果你们能成功攀到顶，我还可以给你们免单。"

朋友听了老板的话立刻比了一个"OK"的手势，大声说道："完全没问题。"于是杨杰和朋友便在教练的指导下做好了安全防护措施，开始攀岩。

两人原来在电视里看过这种运动，觉得应该不难，直到自己开始攀的时候才发现并没有想象中的那么简单。两人爬到一半的时候，几乎就已经没有力气了，杨杰觉得自己的手指都在抖。

看着还有一半的路程，杨杰说道："我觉得我们已经到极限了，还有这么远，我们肯定没办法攀上去的。"

朋友大声鼓励杨杰道："别灰心，只要攀上去我们就战胜了自己，还可以免单，我们可以用剩下的钱去买冰激凌吃！千万不要放弃！"

杨杰听了朋友的鼓励，虽然心中还是没什么底气，但是看着朋友在自己斜上方一点一点地努力往上攀，自己也仿佛被他的精神鼓舞了。于是，他憋了一口气，慢慢跟在朋友身后努力往上爬。

就在他觉得自己马上要放弃的时候，上方突然伸出了一只手，他拉住了朋友的手，攀上了顶。

等他们从顶上下来，俱乐部的老板开心地给他们免了单，并发了一个俱乐部的"登顶证书"给他们，还给他们看了刚刚拍的照片。照片中两个男孩挥洒着汗水，努力向上攀登，配上灯光的效果，十分励志。

拿着证书从俱乐部出来，杨杰感激地看着朋友，说道："今天真是谢谢你，我从来没有获得过这样的成就感，要不是你鼓励我，我一定爬到一半就放弃了。"

朋友拍着他的肩膀说道："不管做什么事，你只要相信，一切皆有可能，那么就很可能成功！"

男孩成长加油站：

如果一件事，你自己都不相信自己能够做到，那么这件事是绝对无法做到的。就像故事中的杨杰一样，还没有尽自己最后一份努力，就提前预设自己无法登顶，打了退堂鼓，差一点因为自己的放弃而错过登顶的机会。如果不是朋友鼓励他，他可能根本不知道自己其实完全有登顶的潜力和实力。

▌关爱男孩成长课堂

相信自己，全力以赴

生活中我们会遇到许多困难和挑战，很多男孩在面对这些的时候会经常给自己预设一些不可能的结局。例如，我平时成绩比别人差这么多，我绝对不可能得第一名；这座山这么高，我绝对不可能爬上去；3000米的长跑，我绝对不可能跑完。当你给自己预设了这些结局时，一旦你达到自己心理期待的临界点，就会生出放弃的想法。而身体接收到了大脑放弃的信息之后，也会做出相应的反应。因此，男孩在遇到困难和挑战的时候，一定要相信自己。

相信自己，首先千万不要给自己预设结果。人的潜力是无限的，一项科学研究表明，人被开发出来的潜能只有人自身潜能的百分之五左右。因此，不逼一逼自己，你也许永远无法知道自己的潜能有多少，极限在哪里。要相信一切皆有可能，这样你才能勇往直前，战胜困难。

相信自己，其次要全力以赴。当你有了相信自己能成功的信念之后，就要开始为自己的目标努力了。努力的时候，千万不要给自己留有余力，一定要全力以赴。在觉得自己快要坚持不住的时候，告诉自己一句："我还有力气，我能行。"因为当你还有心情思考自己快要坚持不住的时候，说明你还没有全力以赴。

相信自己，最后要摒弃杂念。下一个决定之前，要三思而后行，但是，一旦决心要做一件事，就一定不要再去反复地思考事情是否能成功或者事情的意义。思考的时候要认真思考，做事的时候就要摒弃杂念，一心做事。

每个男孩都有无限的潜力等待着你自己去发掘，相信自己，全力以赴，灿烂的未来在等你！

 ## 成功者是坚持到最后的人

说起电话的发明者，大家第一个想到的是谁呢？是不是美国的发明家亚历山大·格雷厄姆·贝尔？

没错，从1873年开始，贝尔和助手托马斯·华生在经过两年的研制后，发明了电话，并在1876年申请了专利。从此，贝尔这个名字留在了世界发明史上，被人传颂至今。

然而，很少有人知道，在贝尔之前，也有一个人曾经为电话的发明做过很大的贡献，而且只差一点就拿下电话专利，他的名字叫莱斯，他离自己的名字被记录进发明史只差了一颗螺丝钉的二分之一圈的距离，大概五丝米。

在贝尔之前，莱斯曾经对一种传声装置做过研究，这种装置能依靠电流传送音乐，不过没办法让人们传送话音，因此无法用来交谈。于是莱斯便没有再继续研究下去。后来，贝尔依靠莱斯研究的基础进行自己的研究，一方面，他将莱斯使用的间断直流电变为连续的交流电，另外一方面，他将莱斯之前装置里的一颗螺丝钉多拧了二分之一圈。

这样一改进，莱斯的装置就神奇地从不能通话变成了可以通话，贝尔也因此成名。

莱斯知道了这件事之后，十分悔恨，他感慨地说道："我在离成功五丝米的地方灰心了，我没能坚持下去，我将终身记住这个教训。"

短短五丝米的距离，看起来微不足道，却改写了世界发明史，这不仅

让莱斯悔恨，也让我们得到了一个启示：有时，成功者与失败者之间的距离，不过是成功者多坚持的那一点点而已。

在一开始就放弃的人和在最后关头放弃的人都是失败者，历史往往只能记住成功者的名字，而我们是否能成为成功者，就看我们是否能让自己坚持到最后。

男孩成长加油站：

失败的人永远不要给自己找借口。"我离成功只差XXX远"，这样的话并不能改变失败的结局。当你发现你离成功只有一步之遥，你却因为放弃导致失败的时候，你应该反省自己：为什么自己不能多坚持一分钟？有人曾经说过："生命的奖赏远在旅途终点，而非起点附近。我不知道要走多少步才能达到目标，踏上第一千步的时候，仍然可能遭到失败。"因此，男孩不要被旅途中的困难吓倒，放弃自己的目标和希望，而是要用坚强不屈的意志和坚韧不拔的精神去征服人生道路上的艰难险阻，真正的成功，永远在你坚持之后。

▌关爱男孩成长课堂

当你想要放弃时你应该怎么做

诗人但丁有一句名言鼓舞了许多人："我推崇勇气、坚韧和信心，因为它们一直帮助我，对付我在人世生活中所遭遇的困难。"纵观古今，成功的人大多是凭借坚强的意志和坚持到底的品格获得成功。坚持是男孩成

功必须具备的一项品格，但是在实际生活中，每个人面对困难都会生出想放弃的心思，那么当自己有了放弃的想法时，应该怎么做呢？

首先，你可以想想之前付出的努力。当你生出放弃之心时，想想自己之前付出过的汗水，你会甘心自己的努力就这么付诸东流吗？努力没有回报，这是一件多么可惜的事，你想让这样的事情发生在自己身上吗？

其次，你可以想想也许成功近在眼前。看看上面莱斯的故事，也许你再坚持一下，你就可以得到成功的奖赏。想一下，如果你知道自己在放弃的时候，离成功只有一点点距离了，你不会感到后悔吗？告诉自己，再坚持一下，我就能成功，这样一下一下累积起来，你最终一定可以看到胜利的曙光。

最后，你可以想想自己的潜力。人的潜力是无限的，当你想要放弃的时候，告诉自己，我其实还有许多潜力没有发挥出来，我还能继续坚持。也许再坚持一秒，你就能爆发出自己都无法想象的能量。这个时候再回头看自己想放弃的想法，自己也会觉得幸亏坚持下来了。

有想放弃的想法是人之常情，你需要做的是自我调节，过滤掉这些想法，让自己努力坚持下去，不要被这样的想法打乱你的节奏。

 # 行动往往比抱怨有用

在生活中，每个人都会评价，会抱怨，但不是每个人都能立刻行动。然而，行动往往比抱怨有用得多。

小林和爸爸一起去公园散步，公园里鸟语花香，绿草如茵，风景十分优美。可美中不足的是，草地上有许多游人留下的垃圾，有塑料包装袋，有烟头，大煞风景。

小林不满地说道："这些人真没有素质，公共场合随手乱丢垃圾，把公园的美景都破坏了，我真替他们感到羞愧。"说完，便气鼓鼓地朝前走去。走了一段路之后，他发现父亲似乎没有跟上来，于是他赶紧四下寻找父亲的身影，却发现，父亲正在他身后那片草地上捡游客们扔下的垃圾。小林惊讶极了，他问父亲为什么要这么做。

父亲一边将手中的垃圾扔进垃圾桶，一边回答道："与其一直抱怨让自己不开心，不如自己动手将事情解决，因为行动往往比抱怨有用。"小林听了父亲的话，羞愧地低下了头。

在日常生活中，我们要远离抱怨，因为抱怨可能会让事情变得更糟。

有这样一个故事，有一个农夫，驾驶着自己的小船在河中航行。因为天气很热，农夫又赶着给客户送货，所以他心急地划着自己的小船，希望能在天黑之前回家。这时，他看见对面有一艘小船正朝着自己的方向驶来，那条船没有一点改变方向的意思，似乎下一秒就要撞上自己的船。

"喂，快点让开，你没长眼睛吗？看不见这里有船吗？"农夫站在自己的船上一边挥手一边大声地吼道，"再不让开你就要撞到我了，你这个白痴！"但是那条船仍旧直直地朝着农夫的船驶来。农夫此时已经来不及掉头避开，于是两条船狠狠地撞在了一起。

农夫生气地大骂道："你是怎么开船的，河这么宽你都能撞到我的船，你到底会不会开船啊！"然而，让农夫没想到的是，他骂完之后，那条船上竟然没有一个人回应。他仔细一看，才发现撞上他的这条船竟然是一艘空船。农夫此刻才意识到自己的愚蠢，他所有的怒气都是对着一艘空船发泄，要是他一开始就掉转自己的船的方向，也许两艘船就不会撞在一起了。

生活中，我们有时会抱怨，会生气，但请想一想，我们的抱怨和生气也许是对着空气，它们什么都不能改变，但是时间已经浪费了。如果我们将抱怨和生气的时间拿来付诸行动，也许这些让我们抱怨和生气的问题早已经解决了。

男孩成长加油站：

诗人马雅·安洁罗曾经说过："如果你不喜欢一件事，就改变那件事；如果无法改变，就改变自己的态度。不要抱怨。"因为抱怨不仅对我们解决事情毫无帮助，而且很可能会影响我们面对事情的情绪，也会影响我们的思维。所以，别抱怨，当你怀着一颗乐观积极的心面对一切并采取行动的时候，你会发现，一切事情都开始往好的方向发展。

关爱男孩成长课堂

如何做到不抱怨

男孩们在学习和生活中都会遇到烦心的事，也许是打球时朋友的配合不够到位，也许是考试的成绩不够理想，也许是不小心被老师批评。当我们遇到这些事时，内心难免会有烦闷的情绪产生，然后开始抱怨。但是，我们都知道，抱怨是世界上最没用的事，所以这时，我们要做的事便是调节自己的情绪，避免抱怨的情绪进一步发展，从而影响自己的生活。那么，如何调节自己的情绪，让自己做到不抱怨呢？

首先，要控制住自己的嘴。"祸从口出"不是没有道理的，当人的情绪失去控制时，便会不经大脑而说出一些失去理智的话，这些话并不是你的本意，但是也许会给听到的人造成巨大的伤害。因此，当我们心情不好的时候，控制住自己的嘴，尽量减少自己说话的机会。

其次，乐于接受。世界上没有完美的人，男孩要知道"寸有所长，尺有所短"，每个人都会有自己的优缺点，男孩不要过于执着地拿自己的优点和缺点去比较，更不要对别人的缺点和错误斤斤计较，要用一颗包容、体谅的心去看待事物，时刻保持一颗平常心。

最后，想到后果。男孩的性格更冲动，遇到事情更容易血气方刚，意气用事，所以，男孩在说话或者做事之前一定要预想后果，做到"三思而后行"。比如，打球时朋友配合不到位，如果过度抱怨朋友，可能会影响友谊。考试成绩不理想，如果过度抱怨，可能会影响自己学习的心情和兴趣，从而导致自己对学习失去信心，下一次考试可能也因此失利，并造成恶性循环。不小心被老师批评，如果抱怨顶嘴，可能会引发冲突，导致事情进一步恶化。男孩们一定要预料到事情的严重后果，并且思考这个后果到底是不是自己想要的，是不是自己能承担的。这样冷静思考一番之后，男孩的心也许就会平静下来，也不会想去抱怨什么了。

麦尔顿曾经说过："凡是伟大的人物从来不承认生活是不可改造的。他会对于当时的环境不满意；不过他的不满意不但不会使他抱怨和不快乐，反而使他充满一股热忱想闯出一番事业来，而其所作所为便得出了结果。"抱怨不但不会让人得到快乐，有时反而会让事情恶化，聪明的人从来不会去抱怨，他们只会抓紧每一分每一秒的时间付出自己的行动和努力，让本来糟糕的事情变得美好。

所以，请你放弃抱怨，开始行动起来吧！

 改掉缺点的方法

一位得道高僧知道自己即将离开人世，他准备将自己领悟到的真谛传授给三名弟子，于是便召集了弟子开会。三名弟子全都恭敬地坐在他的周围，等待着高僧最后的指导。

高僧看了一圈所有的弟子，问道："你们说，怎么样才能除掉田地里的野草呢？"

弟子们没想到高僧竟会问出一个如此简单的问题。"用铲子把野草都铲掉。"一个平日里比较积极的弟子抢先回答道。高僧笑而不语。

另一个弟子紧随其后，回答道："这样太费力了，不如用火把草全部烧掉。"

坐在他旁边的弟子说道："这个方法不行，野火烧不尽，春风吹又生。斩草要除根，一定要用锄头把野草的根全部都除掉才行。"

高僧还是没有说话，他对弟子们说道："这样吧，寺的东西南北四角各有一块长满杂草的地，我挑东边那块，你们三个再从剩下的地里各自挑选一块，然后你们按照自己想出来的办法除掉田地里的杂草，一年之后我们再碰面，看看谁的方法有效。"

一年时间很快就过去了，三名弟子到了去年高僧召集他们开会的地方，可是等了许久高僧都没有出现。在等待的过程中，三人开始聊天。

用铲子除草的弟子说道："我每周都要用铲子铲一次新长出来的杂草，但是杂草生长的速度实在太快了，稍微偷懒一会儿，它就比从前长得还要茂盛。"

放火烧的弟子说道："我用火烧，没有你那么累，但是因为没有除根，所以野草还是不停地长出来。"

这时两人看向那个说要用锄头除根的弟子。那位弟子摇摇头道："我去年花了整整两个月的时间，将田地里所有野草连着根一起除去，野草没有再长出来。但是今年开春的时候，大概是贪吃的麻雀带来了野草的种子撒在了我的地里，野草又重新长出来了。现在地里又是野草横生。"

高僧一直没有出现，三人觉得奇怪，便去往寺庙东头高僧的那块田地。当他们来到那块田地时，三人惊呆了。

田地里种满了庄稼，虽然庄稼边也长着几根杂草，但是跟饱满茂盛的庄稼比起来，几乎可以忽略不计了。

三人围着庄稼地坐了下来，良久，他们终于明白了高僧的用意。想要除掉田地里的杂草，不能只着眼于杂草。与其辛苦地除去杂草，不如在地里种上庄稼，这样杂草就会自然而然地减少，而且有庄稼吸引目光，杂草的存在感也会变小。

这时，其中一位弟子在田地旁的石头上看到了高僧留下来的一句话："田地里的杂草就像人身上的缺点，想要改掉自己的缺点，最好的方法就是让自己拥有更多的优点。"

原来，此刻高僧已经不在人世了，他身体力行地为自己的弟子们上了最后也是最深刻的一课。

男孩成长加油站：

每个人身上都有缺点，没有人不想改正自己的缺点。有时，大家会

花费很大的力气去改正自己的缺点却仍旧收效甚微。这时，不如换一种方法，多培养自己的优点。优点的培养不仅能让自己增添许多好的习惯，从而潜移默化地改变缺点和某些坏习惯，而且，闪闪发亮的优点有时也可以掩盖一下某些缺点，让你看起来更优秀。当然，掩盖缺点不是让大家对自己的缺点放任发展，我们的最终目的还是要改正自己的缺点。只是有时你会发现，当你具有了某个优点之后，一些顽固不化的缺点也会因此消失。

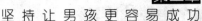

关爱男孩成长课堂

男孩如何发扬自己的优点

如果我现在给大家出个题目，让大家在纸上写下自己的十个优点，大家能写出来吗？

有些男孩可能会没自信，不相信自己有这么多优点，甚至有些比较自卑的男孩绞尽脑汁都想不出来自己有什么优点。大家不要把优点想得那么遥不可及。曾经，在耶鲁大学的入学典礼上，校长隆重地介绍了一位新生，这是耶鲁的传统，每年要介绍一位最特别的新生。这次介绍的是一个在入学资料的特长一栏写上了"做苹果派"的女生。在有才华的人多如牛毛的耶鲁，一位擅长做苹果派的女生竟然得到了校长的青睐，这是为什么呢？不正是因为她对自我优点的精确把握吗？因此，每个人都有自己的优点，只是你还没有发现。男孩想成功，就要找出自己的优点并且使之发扬光大，那么，如何找到并发扬自己的优点呢？

首先，你要回忆自己的过往，总结自己的成功。这个成功是不论大小的，你可以从学习、生活、兴趣爱好等多个方面去发掘。可能是某次作业的满分，某次考试的第一名，甚至某次小任务完成得特别好，这些都可以

算作是你的成功，可以证明你的实力。你需要做的就是在这些成功之中总结出自己擅长的地方，替自己树立信心。

其次，要多交朋友，多向优秀的人学习。优秀的人之所以优秀，必然是因为他们身上有着闪光点。多和这样的人交朋友，你可以从他们身上发现许多值得学习的地方，加强自身素质。同时，在和他们交往的过程中，你也可以得到他们的客观评价并借此改进自我。他们的优秀会潜移默化地影响着你，让你成为他们之中的一员。

最后，善于比较，但不要盲目比较。多向别人学习，了解自己身上的不足，但不要总是用自己的缺点和别人的优点比较，这样也许会降低自己的自信，让自己产生自卑感，反而得不偿失。

每个男孩都有自己的闪光点，希望大家早日发现自己的闪光点，努力发扬，成为优秀的人！

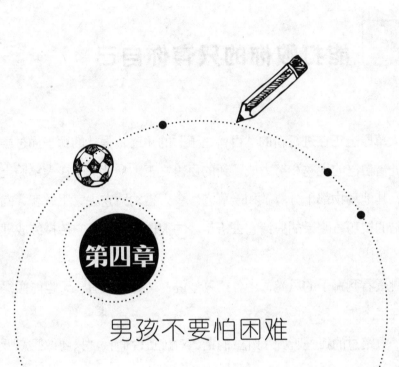

第四章

男孩不要怕困难

 # 能打败你的只有你自己

　　大草原上正在进行新的"百兽之王"的角逐，强壮的狮子通过层层选拔，凭借自己的优秀和努力成了新的百兽之王。从此狮子在大草原上风光无限，其他动物都十分尊敬和羡慕它。今天猎豹请它去家里做客，向它学习捕猎的技巧，明天胡狼请它去给年轻的狼群上课，让它传授练成健壮的身体的秘诀。

　　跳蚤看到狮子的风光，十分羡慕地说："要是我有一天也能像狮子一样就好了。"

　　一只路过的狐狸听到了跳蚤的话，对跳蚤说道："只要你愿意听我的话，我有办法可以让你打败强壮的狮子。"

　　跳蚤不相信，但是想想自己就算按照狐狸的方法去做也不会有什么损失，便半信半疑地按照狐狸的办法去做了。

　　接下来的几天，跳蚤分别在猎豹、胡狼、豺狗的家门口得意地说道："百兽之王有什么了不起的，要是我去能参加角逐，狮子一定是我的手下败将。"

　　没过几天，跳蚤的话就传遍了大草原，所有的动物都嘲笑它："你一只小小的跳蚤，还没有人家狮子的一块指甲盖大，你拿什么去打败它？你是不是没睡醒，还在做白日梦呢！"

　　跳蚤不服气地说："我已经给狮子下了战书了，你们就等着看吧。"

　　狮子听说了跳蚤的话，也收到了跳蚤的战书，可是它只是把这件事当成一个笑话，哪有狮子会在意跳蚤的挑战呢？因此，它根本没有去理会那封战书。这天，狮子正在草原上散步，突然听到狐狸在和其他动物讨论着什么。

它悄悄走上前，听到狐狸说："你们说，狮子到现在都没有接受跳蚤的战书，是不是不敢啊？它是百兽之王，身体那么健壮，四肢那么有力，怎么连小小的跳蚤的战书都不敢接受？"

狮子听了十分郁闷，于是便接下了跳蚤的战书，派人去找了跳蚤，表示自己愿意择日和它来一场决斗，以证明自己不是害怕它。

结果到了第二天，另外一种声音又传到了狮子的耳朵里：百兽之王狮子竟然接下了一只小小的跳蚤的战书，它这不是明摆着欺负人吗？想树立自己的威严也不用找跳蚤吧？它真是有负"百兽之王"的这个名号。

狮子这才意识到，自己似乎掉进了别人的陷阱里，现在已经陷入了两难境地。一旦它和跳蚤决斗，赢了，并不是一件光彩的事，别人可能还会说它以强欺弱；输了，那就更难看了，堂堂狮子，竟然输给了一只跳蚤，这恐怕是天底下最大的笑话了；即使自己现在退出比赛，别人也会说它是怕了跳蚤，临阵脱逃。狮子陷入了绝望之中。

到了约定决斗的日子，草原上的动物们都迫不及待地准备看这一场让人期待的战斗，结果，狮子没有出现，它的代言人对大家说道："不好意思，狮子这一段时间因为太忙碌导致了严重的失眠，现在身体抱恙，暂时不能再担任百兽之王的职位，因此它决定将这个位置让给跳蚤。"

男孩成长加油站：

狮子是被跳蚤打败的吗？并不是，它是被自己打败的。如果它能够坚

定自己的内心，不去理会那些流言蜚语，它还是高高在上的百兽之王。狐狸不过是利用流言让狮子的内心动摇，从内部瓦解它的自信而已。因此，只要内心坚定，你就不会被外物打败，因为能打败你的只有你自己。

▌关爱男孩成长课堂

男孩如何战胜自己

海明威在《老人与海》中写道："一个人可以被毁灭，但不能被打败。"人生难免遭遇失败，不过人可以遭遇失败，却不能被击败。在人生道路上，男孩要不断战胜自己，始终不向失败认输。

战胜自己，首先要了解自己。俗话说："知己知彼，百战不殆。"只有充分认识自己，知道自己的优点和缺点，在战胜自己的道路上，我们才能扬长避短，充分发扬自己的优点，规避并改正自己的缺点。

战胜自己，其次要让自己不断前进。我们不要总是和别人攀比，比较的对象最好是昨天的自己，你不停地进步就是在不停地战胜昨天的自己，男孩可以给自己准备一个总结本，每天写下自己比昨天进步的地方，即使只是一个小方面，久而久之，你会发现自己已经有了很大的进步。

战胜自己，最后要坚持不懈。不积跬步，无以至千里；不积小流，无以成江海，任何成功都是由坚持不懈的努力交织而成的。当你快要放弃的时候，告诉自己，再坚持一下，成功就在下一步。就这样一直坚持下去，你一定可以取得成功。

男孩要切记，能打败你的永远只有你自己，你只有不断战胜自己，才能不断进步。苟日新，日日新，又日新，不断除旧更新，一定能迎来美好的未来。

 失败就要找原因

赵小米和好几个同学组队参加了学校组织的化学实验比赛，之前练习的时候实验一直很成功，大家都觉得他们这个组一定能拿冠军。可到了比赛的时候，实验因为其中一个同学打碎了试管而失败。他们连续好几天都非常沮丧，连上课时都无精打采，甚至在数学课的随堂测验中，几个人都考出了平时的最低成绩。

放学后，老师将他们几个人叫到了办公室。

"老师能理解你们比赛失利后的难过心情，但是你们每天都这么沮丧，应该没有分析过比赛失败的原因吧？"

"分析过了。"赵小米小声嘀咕道，"还不就是我们运气太差，王小利拿试管的时候没注意到手上太滑，所以打碎了试管。"

"这是运气太差的原因吗？你们仔细回忆一下。为什么之前从来没有出现过这样的情况？"老师继续问道。

几个同学互相看了看，低头回忆着平时的实验过程。"啊！我想起来了！"李青开口了，因为我们平时在实验室做实验的时候，每个实验桌旁边都有一块抹布，王小利每次洗了手都会擦一下，但是这次比赛的实验桌边是没有抹布的。

王小利猛地一拍脑门："对哦！我平时看到抹布都会习惯性地把手擦一下，但是没看到的时候就会忘记。"

老师继续说道："比赛之前，我是不是说了让你们好好去比赛场地观察一下，因为比赛的实验桌不是你们平时用的，所以肯定会有区别，你们当时有注意到抹布这件事吗？"

所有的同学都摇了摇头。

赵小米说道："谁会关心一块抹布这种小事啊。"

老师摇头笑了笑："抹布看起来是小事，却直接导致了你们比赛失败。而且你们比赛失败之后，没有认真去找原因，而是把错误都归咎于运气，一直颓废沮丧，还影响了你们这次数学随堂测验的成绩。现在你们还觉得抹布是小事吗？"老师拿出他们几人的成绩单，大家看着成绩单上的数字，都低下了头。

老师语重心长地说道："失败不可怕，可怕的是失败了不认真找原因，这样不仅无法改正错误，还有可能一直在同一件事上失败，甚至导致更多的失败。一个不找自己失败的原因的人是永远无法收获成功的。你们现在明白了吗？"

"明白了，谢谢老师。"几个人认真地点点头。

男孩成长加油站：

俗话说："人不可能两次踏入同一条河流。"但是现实生活中，却有人一次又一次地犯着同样的错误。是他们不知道这是错误吗？不是。他们也会因为错误而懊悔难过，也会因为失败而痛哭流涕，然而，他们没有认真仔细地去分析错误产生的原因。有些人很有毅力，一次失败后也不沮丧，马不停蹄地又投入到再一次的努力中。这样的精神虽然值得肯定，但是，他们忽略了成功路上一个非常重要的因素——分析导致错误的原因。如果不分析错误的原因，只是埋头苦干，有可能会一次又一次地踏入同一条错误的河流，让努力的汗水白白流下。所以，一个聪明的人，要懂得在失败之后分析原因，引以为戒，避免再犯同样的错误。

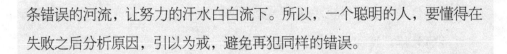

关爱男孩成长课堂

男孩如何正确面对失败

"失败"，听起来是个让人害怕又沮丧的词，但是它无时无刻不出现在我们的生活中，因为没有人可以做到永远成功。男孩的自尊心和自信心有时会更强，当他们自信满满地去做一件事，却不幸遭遇了失败的打击时，更可能会因为自信心受挫而难以承受。那么男孩们应该如何正确地面对失败呢？

首先，男孩要有一个良好的心态。失败是什么？它不是人生的污点和耻辱，更不是对个人能力的否定。相反，男孩可以将它看成是让你更珍惜成功这道美味大餐的调味品，看成是成功给你开的小玩笑，对你的小考验。面对失败，男孩要不骄不躁，不慌不忙。

其次，男孩要认真寻找失败的原因。男孩渴望成功，却往往因为性格大大咧咧，没有耐心去分析失败的原因。拿破仑曾经说过："不会从失败中寻找教训的人，他们的成功之路是遥远的。"认真分析失败的原因能让男孩少走弯路，避免错误再次发生。成功没有捷径，但是找到正确的方法能让你事半功倍。

最后，男孩要有永不放弃的信念和坚持不懈的努力。如果分析完了原因就把事情丢在一边，那么你永远也不可能到达成功的终点。失败不是你认输的理由，更不是你放弃的借口，坚持永远是成功路上必须具备的素质之一。

人生像是一杯苦茶，失败是入口的那一阵苦，只有咬牙熬过，方能得到之后的甘甜，再细细品味，又能明白前面那一阵苦的韵味。因此人生不要害怕失败，正确面对，咬牙熬过，一定能品尝到属于成功的甜！

 学会寻求帮助

每个人都会有遇到困难的时候，有些人认为求助别人是一件丢脸的事情而羞于寻求帮助，却错过了解决问题的最佳时机。

曾经有位记者，他本来是专门采访社会新闻的，但现在他是一家全国知名音乐刊物的总编辑，让人吃惊的是，他既没有音乐方面的素养，也不会任何乐器，那他是如何走上音乐编辑这条道路，并越走越成功的呢？

原来，五年前，他的同事——和他同一家报社的音乐评论员突然因为急性病住院了，于是编辑部主任便将晚上一场很重要的音乐会的评论任务交给了他，让他看完音乐会后写一篇音乐评论。这个记者十分惶恐，因为他对音乐一窍不通，但是主任交给他的任务又不能拒绝。于是他只能心怀忐忑地来到音乐厅。

整场音乐会，这个记者都在思考评论文章应该如何写。终于，在音乐会快要结束的时候，他想到了一个好主意。

他来到了音乐厅的后台，找到了刚刚表演完的小提琴家，并向他说明了自己的困难："所以我希望能够采访一下您对这场音乐会的看法，然后借由您的评论完成这篇文章，可以吗？"小提琴家欣然同意，接受了这位记者的采访。

这位记者知道凭借自己的水平一定无法写出一篇好的评论文章，但是这位音乐家不一样，他的音乐素养和造诣如此深厚，那么按照他对这场音乐会的看法写出来的评论文章自然就会有深度。

回到报社后，这位记者认真整理、编辑采访稿后，发表在了第二天的报纸上。他们报社新一期的报纸销量远远大于另外那家报社，连主任都不停地表扬他。

经过这一次的经验，这位记者找到了属于自己的写音乐评论的方法，他和许多音乐大师保持着很好的关系，并且会经常对他们进行采访，然后在他们同意之后将采访整理成稿件，发表在报纸或者杂志上。因为他别出心裁的评论方法和文章的质量，让他一路成了著名音乐刊物的总编辑。

如果没有那一次偶然的机会，如果他没有去大胆寻求那位小提琴家的帮助，如果他没有意识到这个方法的优越性，也许这位记者还在杂志社当一个小记者。

正是因为他在自己不擅长的领域积极寻求帮助，找到了方法，才为自己寻找到了一条成功的道路。

男孩成长加油站：

一个人即使再优秀，也会有做不到的事。因为个人的力量总是渺小的，所以我们要学会在适当的时候寻求帮助。有时，你自己看起来很困难的事情，对于别人来说，可能只是举手之劳，寻求别人的帮助不仅能够减轻自己的压力，还能够提高效率，让事情更好地完成。另外，寻求帮助时需要与人交流，这不仅可以加强人与人之间的联系，还可以培养团队意识和合作精神，而且，会寻求帮助的人，通常也会在别人需要帮助的时候伸出援手。

如何有效地寻求帮助

人是社会动物，生活在社会中，就一定会有遇到困难的时候。有些男孩心气比较高，认为自己遇到困难解决不了是一件羞愧的事情，所以也不会将困难说出口，更不要说去寻求别人的帮助了。然而，这么做对解决困难一无是处，甚至可能会让事情变得更糟。因此，男孩们在生活中不仅要学会寻求别人的帮助，还要知道，如何才能有效地寻求帮助。

首先，寻求帮助不是一件丢人的事。男孩们要有这样一个认识，寻求帮助不可耻，大胆说出自己需要帮助的地方，真诚提出自己的困难即可，不用因求助而感到羞愧，也不用因为觉得自己可怜而低声下气。

其次，要有诚心。有时候，别人的帮助对于帮助者来说是举手之劳，但是对于被帮助者来说是雪中送炭。所以，当我们向别人寻求帮助时，一定要注意礼貌与真诚，千万不要觉得是小事就态度随意。

再次，要有耐心。向别人请求帮助时，有些人会觉得麻烦而态度冷淡甚至拒绝，男孩不要因为一次寻求帮助失败就认为自己丢了面子或者干脆认为没有人会帮助自己，从而拒绝再向其他人寻求帮助。做事情要有耐心，寻求帮助也是一样。如果你寻求帮助的要求是合理的，那么就请你相信，一定会有人愿意帮助你。

最后，要拥有一颗感恩的心。有时，别人帮助了你，但是事情并不一定解决，这时，不要去抱怨。别人帮助了你，就要学会感恩。只有拥有一颗感恩的心的人才有可能得到别人再一次的帮助，也才有可能在一个团队中得到尊重和信任。

男孩们，别觉得害羞，生活中遇到问题大胆地向父母和长辈寻求帮助，学习中遇到问题大胆地向老师和同学寻求帮助，这样你才能更好更快地成长。

 # 人生没有完美的答卷

有一位年轻人很喜欢一位大文豪，他读了这位大文豪写的"要是已经活过来的那段人生，只是个草稿，有一次誊写，该有多好"之后，深受触动，于是便向上帝提交了一份报告，希望上帝能满足他的这个愿望，让人生重来一次。上帝因为年轻人的执着，同意了年轻人的要求，愿意让他在寻找人生伴侣这件事上有重来的机会。

到了要结婚的时候，年轻人遇到了一位十分漂亮的女孩，他爱上了女孩，并和女孩结婚。然而，没多久，他就发现，女孩虽然漂亮，但是说话和做事笨手笨脚，也不喜欢年轻人崇拜的那位大文豪。年轻人觉得无法和女孩进行心灵沟通，于是向上帝请求将这段婚姻当成草稿抹去，再重新开始一段婚姻，上帝同意了。

第二次，年轻人遇到了一个长相漂亮，又与他十分谈得来的女孩。他很快再次坠入爱河，并和这个女孩结了婚。一开始年轻人十分满意，因为女孩聪明漂亮还十分能干，可以处理好生活中的任何事。然而，没过多久，年轻人又遇到了另外的问题。这个女孩脾气很不好，而且她还经常把自己的聪明能干、能说会道的本领用在讽刺和嘲笑年轻人上。年轻人因此觉得生活饱受折磨，他一点也不像女孩的丈夫，而只是任她讽刺的仆人。

年轻人对此十分苦恼，他再次找到上帝，提出请求，将这一次婚姻也当成草稿抹去，并向上帝保证这是最后一次。上帝听了他的话，笑了笑，同意了他的请求。

年轻人这次寻找了很久，终于找到一个让自己各方面都很满意的女孩。她聪明能干、漂亮大方、脾气又特别好，可以说是完美女孩了。年轻人和女孩结婚后，十分开心，两人也过得十分幸福。然而，半年之后，女孩生了重病。重病让女孩失去了光彩照人的外表，长年卧床让她的能干毫无用武之地。

年轻人觉得十分伤心，他到了上帝面前，询问上帝为什么自己的每一次婚姻都会有缺憾。

上帝微笑着回答道："不仅仅是婚姻，人生也是这样，从来就没有完美的答卷，不管再来多少次。"

男孩成长加油站：

有一位著名的导演曾经在女儿十八岁成年时送给她这样一段话："亲

爱的女儿,现在你要开始接触到真正的人生了,生活有时候并不像你想象的那么公平,世界上没有完美的事物,要学着面对一切真实,接受一些不完美。"大家都被这位导演的话感动,鲜为人知的是,他的女儿生下来时是先天性兔唇。导演坦然接受了这样的不完美,并且告诉女儿,人生就是这样,你要学会面对,敢于接受。

这段话同样适合所有的男孩。人生像一张白纸,我们在这张纸上抒写未知,描画蓝图,没有草稿,也不是临摹。回过头看,我们总会发现遗憾。奥运冠军杜丽在2008年雅典奥运会首战失利的四天后,拿下了属于自己的首枚金牌。赛后,她在接受记者的采访时说道:"比赛的魅力在于总有遗憾,总会让人进步。"人生也是这样,总有遗憾,这才是人生的魅力所在。

关爱男孩成长课堂

如何进行自我开导

生活中难免有遭遇挫折而导致情绪低落的时候,当我们意识到自己有了情绪包袱的时候,就要及时采取措施,积极进行自我开导,防止情绪继续低落下去,从而产生情绪或者心理问题。那么,有哪些有效的自我开导的方法呢?

首先,运动是一种很有效的缓解情绪方式。当你产生情绪包袱,最重要的一点是千万不要把自己的情绪发泄在他人身上。己所不欲,勿施于人。想发泄情绪,可以选择运动。心理学研究表明,如果你遭遇了一件不开心的事,一场大汗淋漓的运动过后,身体会默认你已经战斗过,从而产生愉悦、满足的心理。而且,运动还可以让我们的身体变得更强健,身体舒适了，心情也会更开朗。

其次，学会转移自己的注意力。如果没有运动的条件或场地，可以考虑一下转移注意力这个方法。你可以做一件之前很想做却一直没有做的事，例如玩游戏，去旅行，或者听一听舒缓的音乐，给自己的朋友打一个电话，聊一聊最近的情况等。当你做完这些事，让自己的心情平静下来之后，再去看让你生气的事，可能就不会有过激的反应了。

最后，学会从两个方面来看待事情。世界上任何事情都会有好坏两面，但心态会决定你看到的是哪一面。例如同样条件下，沙漠旅客得到了半杯水，有的人会说："太可怜了，我们只剩下半杯水了。"也有人会说："太棒了，我们还剩下半杯水。"只看到事物坏的一面会让人沮丧、抱怨，因此，尝试从两个方面来看待事情，面对坏事可以列出这件事的几个优点，这样能避免产生过于低落的情绪。

保持良好的心态，养成快乐的习惯，掌握自我开导的方法，相信自己，一切都会变得更好！

学会接受不完美

放暑假了，赵小华的父母准备带他出去旅游，爸爸给了他两个选择，一个是海南，一个是内蒙古，可是他在选择目的地上陷入了困境，因为爸爸放假的时间只够他们去一个地方。

他心里想，海南环境好，可以游泳，可以吃海鲜，还可以在沙滩上堆城堡，但是内蒙古的风景好，可以骑马，还可以吃烤全羊，两个地方他都想去。

"爸爸，我可以去一个既可以游泳又可以骑马，既可以吃烤全羊又可以吃海鲜，还可以在沙滩上堆城堡的地方吗？"赵小华为难地问道。

爸爸好笑地看着他，说道："儿子，我来给你讲个故事吧。从前有个年轻人，成家以后和父母分开生活。父亲给了他一块地，让他在地里种东西。这个年轻人没有种过农作物，他看村里人都在种玉米，于是便在自己的地里种了一大片的玉米。与此同时，他又看见有人种豇豆，为了能多赚一点钱，他便在玉米旁边又种了许多豇豆。雨水渐渐多了起来，他地里的玉米不断长高，豇豆也不断爬藤。因为长在玉米旁边，豇豆便缠在玉米秆上，缠得死死的。到了秋天收获的季节，这个年轻人十分苦恼，因为他地里的玉米没有别人家的长得大，而他种的豇豆也不如别人家的饱满。他觉得很奇怪，明明自己也是和别人一样地浇水施肥，怎么自己种的东西就不如别人呢？于是他找来了他的父亲，一个种地能手。父亲沿着他的菜地走了一大圈，最后停在环绕着菜地的一圈篱笆旁边。父亲捋了捋胡子，语重心长地对儿子说道：'你看这片篱笆，早上太阳从东边出来，照的是篱笆的东面，傍晚太阳从西边落下，照的是篱笆的西面。不论如何，太阳永远都只能照到篱笆的一面，不可能照到两面。就像你种玉米和豇豆，你既想要玉米又想要豇豆，怎么可能两样好处都被你占到呢？这个世界上是没有完美的事情的，你必须学会接受每件事情不完美的那一面。'儿子，你听明白这个故事了吗？去海南和去内蒙古，都有各自的优点和缺点，所以你要学会接受它们的不完美，做出自己的选择。"

赵小华点了点头，他想到自己一直羡慕电视里的大侠们策马奔腾的感觉，最后选择了去内蒙古。他想："任何事情都有不完美，但是去内蒙古已经是一件非常美的事了！"

男孩成长加油站：

凡事追求完美是一种理想，接受万事的不完美是一种境界。苏轼在《水调歌头》中写道："人有悲欢离合，月有阴晴圆缺，此事古难全。"不完美不仅不是一种缺憾，甚至可以成为我们追求的动力。试想，万事都做到完美，我们再次去做这件事时岂不是少了一些冲劲和动力，而不会想着，再努力一点，能做到更好。因此，学会接受不完美，不仅是我们需要的一种态度，更是我们努力再进一步的动力。

关爱男孩成长课堂

凡事常想一二

一位学生去老师家拜访，看见老师家的墙上挂着一幅书法作品，写的是"常想一二"。学生不明白意思，便请教老师，老师笑着说："这便是我们面对人生需要的态度，因为人生不如意事十之八九，所以要时常记得常想一二。"

常想一二是一种乐观的态度。生活中总是会遇到不如意的事，也许是下雨没带伞，也许是考试失利，也许是丢了东西。心理学上有一条著名定理叫"墨菲定理"，它的基本内容是："如果事情有变坏的可能，那么，不管这种可能性有多小，它总会发生。"并且，"墨菲定理"有一条衍生内容："当你越担心某一件事发生的可能，它发生的可能性就越大。"从这里我们可以看出，坏事是没有办法预料的，而心态也可能成为影响坏事发生的因素。因此，保持乐观的态度，常想一二，虽然不能杜绝坏事，但是也许真的可以减少坏事发生的概率。

常想一二是一种有效的方法。下雨没带伞时，你可能会选择诅咒这恼人的天气；你可能会因为咒骂而错过回家的公交车；你可能会因为错过这样的机会多淋了几分钟的雨而不小心感冒；你可能因为感冒而导致错过课堂上老师标记的考试重点而导致考试失利；你可能因为考试失利而失去了获得奖学金的机会；你可能因为失去了这个机会，一整个假期都只能待在家里学习。当然，这只是一连串假设，但是根据上面的"墨菲定理"，一切都是有可能发生的，而你本来只需要在没带伞时想着"太棒了，我今天终于可以更加接近自然了"，然后去平时坐车的地方，就可以杜绝这一切的发生。有时候，坏事开始的第一步并不是一个实际性的步骤，而只是我

们心中的一个想法罢了。所以，保持乐观的态度常想一二，是可以降低坏事发生概率的有效方法。

常想一二是一种人生的境界。著名的物理学家霍金患有卢伽雷病，这个病让他失去了行动能力，只能在轮椅上生活，甚至让他慢慢丧失了言语能力。有一次记者在采访他的时候，提了一个尖锐的问题："霍金先生，你不认为你的命运让你失去了太多吗？"对此，霍金用还能活动的三根手指在键盘上艰难地敲击出了答案："我的手指还能活动，我的大脑还能思考，我有终生追求的理想，有我爱和爱我的亲人和朋友，对了，我还有一颗感恩的心……"所有的人都为霍金的回答而鼓掌。霍金遭遇了如此多的不幸，如果没有这样的心境，世界物理史上恐怕要失去一位大师了。因此，保持乐观的态度常想一二，是一种让人超越自我、达到更高高度的人生境界。

 **乐观的力量**

华尔和汉克在一家公司做推销员，收入不高。每天都要跑来跑去，遭受人们一次又一次的拒绝。华尔总是乐呵呵的，无论遇到什么事情总是保持乐观的态度，他经常说："太阳落下去还会升起来，太阳升起来也会落下去，这就是生活。"而汉克总喜欢抱怨，认为工资太低，生活艰难。

有一次，公司的总经理想从销售部门选一名员工当销售总监，于是员工们纷纷提交了申请表。经过严苛的选拔，最后只剩下了汉克和华尔。人们都一致认为汉克会当选销售总监，因为从很多方面看，汉克的实力都要高于华尔，是这个职位最合适的人选。正当总经理决定要任命汉克为销售总监的时候，一件事情改变了总经理的想法。

原来，华尔非常想要拥有一辆属于自己的车，每次和朋友们一起去玩的时候，就说："要是我拥有一辆属于自己的车该有多好。"但是凭华尔现在的收入很难买到车。有一个朋友提议道："要不你去买彩票吧，要是中了奖，就可以有钱买车了呀。"于是，华尔在某次回家的路上买了两元钱的体育彩票。幸运总是来得这么快，他竟然中了一个大奖。这些奖金足够他买到一辆好车了。

身边的朋友纷纷祝贺华尔。华尔非常开心，每天把车子擦得一尘不染，经常邀请朋友一起出去兜风。有一天，他像往常一样把车停在楼下，当他下楼的时候，他发现自己的车被盗了。

朋友们听到这个消息的时候，都非常惊讶。想到华尔这么喜欢车，现在好不容易得到的一辆车却被盗了，朋友们都非常担心他受不了这个打击，便相约一起去安慰华尔。

朋友们到达华尔的家里，对华尔说："华尔，你不要太悲伤了，以后挣钱再买一辆车。"没想到华尔笑着说："我为什么要悲伤呀？"朋友们都很疑惑。华尔接着说："如果你们不小心丢了两元钱，你们有谁会很悲伤吗？"有一个朋友迅速回答道："当然不会！"华尔笑道："是呀，我就是丢了两元钱，为什么要悲伤呢？"朋友们听了都哈哈大笑。

第二天，华尔来公司的时候，碰到了汉克。汉克说："听说你的车被偷了，你真是太不幸了。"华尔还是笑呵呵地说："嘿，老兄，没有你说得那么严重，车被偷了还可以买。"

恰好这件事情被总经理知道了，总经理很欣赏华尔的乐观心态，尽管华尔的实力比不上汉克，但总经理还是选择了华尔当销售总监。当大家知道这个决定时，都非常意外。汉克觉得非常不公平，便跑去问总经理："为什么您要选择华尔？明明我的表现更好。"

总经理说："华尔确实有一些方面不如你，但是他赢在拥有乐观的心态。身为一名销售总监，每天要处理很多繁杂的事情，要面对各种各样的人，如果没有一种好的心态，总是抱怨，那么很多事情都无法处理。相反，华尔很乐观，他的这种乐观还能感染周围的人。"

有人曾说："乐观本身就是一种成功。"当汉克的工作能力高于华尔的时候，经理果断地选择了乐观的华尔，而不是经常抱怨的汉克。也常有人说："有什么样的心态，就会有什么样的人生。"一个拥有积极心态的人，他不仅生活得更快乐，还更容易获得成功。

男孩成长加油站：

未来的确无法预料，每个人都会遇到让你措手不及的事，但是不要害怕未来，要朝好的方面看，用积极的心态去面对未知。活着，就要有乐观的信念，哪怕生活日复一日看似没有改变。你知道吗？乐观的心态能给你带来无法预料的能量跟收获，当你真正需要它的那一天，你会发现它的力量无比强大。

关爱男孩成长课堂

保持乐观心态的好处

男孩是不是在学习和生活中都会感受到或多或少的压力呢？适当的压力可以让我们加快努力的步伐，但是过多的压力会对我们造成许多生理、心理上的不利影响。所以，保持乐观心态，对男孩的成长有许多好处。

首先，乐观心态会影响人的生理健康。科学研究表明，心理因素是影响人类身体健康的一大重要因素。科学家表示，人类自然寿命的极限大约是在130岁到170岁之间，但是，大多数人都没有达到这样一个数字。经过长期、复杂的科学研究，科学家们认为，人类在疾病和寿命方面除了受到"生物模式"的影响之外，还会受到"心理模式"的影响。中东有一位非常长寿的老人，活到了150多岁，他总结自己长寿的秘诀时只说了一句话："快乐地生活。"由此可见，保持乐观的心态对我们的身体健康有着十分重要的影响。

其次，乐观心态会影响成功的概率。纵观古往今来的成功者，没有一位是遇到事情时用消极情绪对待的。汉朝著名将领韩信年轻时非常穷困，还曾受过胯下之辱，靠乞讨度日，但他从来没因为生活而绝望，最后成为名扬天下的大将军。美国总统林肯，出生于一个十分贫困的家庭，曾经当过河上的摆渡工，还在种植园做过苦力。但最终，他凭借自己的努力成了美国总统。科学研究表明，当一个人带着乐观积极的情绪去做一件事情时，成功的概率是带着消极情绪时的几倍。

最后，乐观心态会影响人际交往。笑容会传染，人的情绪也是会互相影响的。试想一下，谁愿意整天和一个愁眉苦脸、抱怨生活、传播负能量的人一起玩呢？微笑、诙谐的语言、快乐的心情，这些都是可以传递乐观情绪的信息，当其他人收到你的快乐信息，也会被你感染，产生美好的心情，这样他也更加愿意和你相处了。

保持乐观心态对我们的生活有着许多的好处，所以，从现在开始，乐观看待生活的一切吧，这样你也能收获更多的快乐与成功。

 别忘了为自己喝彩

张路是班上人缘最好的人，因为他总是能发现每个人的优点，并帮助大家更好地将优点发挥出来。学校举行运动会，需要派同学参加一千五百米的长跑项目。张路知道李尧很擅长跑步，但是性格内向不敢主动报名，便私下问了他的意见，帮他报了名。于是，运动会上，李尧勇夺第一，为班级夺得了荣誉，还为自己赢得了"长跑小子"的称号。

谢小美数学成绩不好，心里十分着急，张路找班上数学成绩最好的赵娜娜商量，让她跟谢小美组成一帮一小组。一个月下来，谢小美的成绩突飞猛进，被老师评为了"数学进步最快奖。"谢小美十分感谢赵娜娜，赵娜娜说道："你还得好好谢谢张路，我这个人大大咧咧，要不是他注意到你因为数学成绩不好而难过，我还真没想到自己还能帮助你呢。"

老师和同学们都非常喜欢张路，这天，老师把张路叫到了办公室。"张路，市里各个学校为了欢迎国外来访问的中学生，组织了一次'模拟联合国'活动，我跟校长推荐了你，你准备一下，下周参加。"

张路听了老师的话，连忙摆摆手："老师，我英语一般，这次还有外国同学，我觉得让英语成绩最好的英语课代表孙晶晶去最合适。"

老师笑着对他说道："没事，老师觉得你的能力可以胜任这一次交流，这次不仅需要英文好，还需要了解世界大事，了解时事。"

张路还是摇头道："时事我就更不了解了，要不让最爱看新闻和报纸，文章写得最好的周博文去？派我去，我万一给学校丢脸了怎么办？"

老师收起了脸上的笑容，严肃地说道："张路，你什么都好，但就是有一个缺点，不够自信。老师知道，你了解李尧擅长跑步是因为你也喜欢跑步，还经常跟他一起锻炼。你数学成绩也很优秀，只是有两次考试赵娜娜比你分数高，你就觉得她的数学成绩最好，让她去帮谢小美补课，但是赵娜娜比较好动，谢小美也容易开小差，两个人补习时经常补着补着就聊天去了，所以，其实老师觉得你才是最适合给谢小美补课的人。张路，其实你非常优秀，老师希望你自信一点，记住在为别人喝彩的同时，也经常为自己喝一喝彩，多展现一些自己的优点。所以，这次活动，我觉得你完全有能力胜任。"

张路听了老师的话，才发现自己的问题所在。于是他不再推辞，认真做准备，参加了这次的"模拟联合国"活动。果然，他没有辜负老师的期望，赢得了其他学校的同学以及外国友人的一致好评。

男孩成长加油站：

为自己喝彩是一件很重要的事，它不仅是自信的表现，也是增强自信的方法。有一个非常喜欢画画的小女孩，她每天都会拿着画笔在家里的墙壁上画上自己喜欢的图案。她妈妈给她规定了一块画画的地方，可她总是因为地方不够而画出界。有一天，妈妈生气地对她说："以后你要是再画在我规定不能画的地方，我就再也不会表扬你了。"女孩噘了噘嘴，笑着说："没关系，我还可以自己表扬自己。"女孩的调皮虽然不可取，但是她的自信却是十分值得我们学习的。我们每个人都是自己人生舞台上的主角，别人的赞扬和鼓励的确可以给我们信心，但是，如果暂时还没有人欣赏到我们的表演，我们也要学会替自己喝彩，相信自己一定能成功。

关爱男孩成长课堂

做为自己喝彩的男孩

人之于社会，如同一滴水之于大海，一颗星之于宇宙，我们时常会因此认为自己是渺小的，微不足道的。我们要有尊敬和敬畏之心，但是，要记住，我们绝对不要妄自菲薄，因为，在属于我们自己的舞台上，我们永远是主角，就像莎士比亚在戏剧《哈姆雷特》中所写的："我即使被关在果壳之中，仍自以为无限空间之王。"

因为只有我们自己相信，自己将来能成功，努力为自己喝彩，我们才会有信心在自己的道路上坚持下去。因此，要做为自己喝彩的男孩，发现属于自己的精彩。

为自己喝彩，首先不要总是羡慕别人，每个人都可以活出自己的精彩和快乐。

粗陶用于乡野之家，不如晶莹的陶器名贵，仍旧是盛水进食的器具；顽石生于路边，不如昂贵的玉石美丽，仍旧可以感受沧海桑田的变化；野花长于山间，不如雍容的牡丹华贵，仍旧花开花谢，甚至供疲惫的路人欣赏。因此，不用去羡慕别人的优秀，因为你同样有值得别人羡慕的地方。

为自己喝彩，其次要保持坚强乐观的心态。

人生总是失败与成功交替，遇到失败，替自己打气，遇到成功，替自己喝彩，这才是我们面对人生的正确态度。与其活成别人眼里的样子，去博取别人的掌声，不如按照自己的方式努力，坚持奋斗，无人问津便自我喝彩，直到成功为止。这样你会发现，别人的掌声自然会来到。

为自己喝彩，要学会自我欣赏。

拿破仑曾经说过："不想当将军的士兵不是好士兵。"不要因为自己

只是士兵，就放弃想当将军的梦想。只有相信自己，我们才可能会为了这个远大的目标去努力。因此，学会自我欣赏，多发现自己的优点，多相信自己的能力，我们一定能成为自己想要成为的那个人。

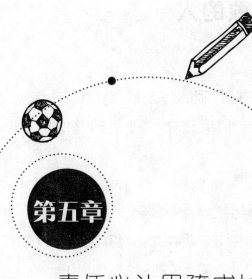

第五章

责任心让男孩成长

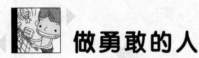 **做勇敢的人**

　　蒋话和张佳伟是邻居，两人每天上学放学都在一起。这天放学的时候，两人经过平时每天都要经过的一条小巷子，突然听见里面传来了奇怪的声音。

　　两人对视了一眼，偷偷地往巷子里看过去。巷子里，平时喜欢欺负人的两个高年级大个子男生正围着一个矮个子男生。

　　"喂，最近我们出去玩手头有点紧，想跟你借点钱花！"其中一个大个子不客气地敲了一下那个矮个子男生的头。

　　矮个子男生害怕地从口袋里掏出了几十块钱，一边发抖一边将手里的钱递给面前的两个大个子男生。其中一个大个子男生接过钱数了一下，凶狠地道："这么少？你不是很有钱吗？"

　　矮个子男生哆嗦了一下，回答道："没有，最近的钱都用来买学习的资料了。"

　　两个大个子男生听了，脸色立刻变得更加凶狠，撩起袖子准备揍那个矮个子男生。

　　蒋话看不下去，刚要冲过去就被张佳伟拉住了："你干什么？他们两个那么高，我们过去只能和那个男生一样一起挨揍而已。"

　　"老师不是经常告诉我们要帮助弱小的人，看到别人有困难就要帮助吗？"蒋话生气地说道。

　　"可是……"张佳伟有些犹豫，"我们两个又打不过他们。"

"我们一定要帮助那个男生,第一,那两个大个子男生是在抢劫勒索,还是校园暴力,这是犯罪,我们一定要阻止;第二,那个男孩比我们年纪都小,我们要保护比我们弱小的人。"蒋话坚定地说道。

随后,他思考了几秒,继续道:"不过,的确是不能硬来,这样吧,我们这样……"说完,他在张佳伟耳边轻轻地说了几句。张佳伟听了,点头,飞快地朝巷子另一边跑去。

蒋话深吸一口气,走进了巷子:"哎呀,你们在干什么?"他装作吃惊地看着巷子里的三个人。

两个大个子男生看见有人来了,警惕地回头看了一眼,看到只是一个比他们矮一截的男生,便放松了警惕,笑着说道:"你来得正好,既然他身上没什么钱,那就再加上你好了!"

蒋话装作害怕的样子,说道:"你们是在抢劫吗?我身上只有几百块而已。"

两个大个子男生听到几百块,眼睛一下亮了:"喂,你老实点把身上的钱交出来,我们就放你们两个走,不然,要你们两个一起好看。"

"好好好,我给你们,你们等一下,我现在就找。"说完,蒋话就把书包打开,在书包里仔细地翻找起来。

"你快点,动作这么慢,小心我揍你。"其中一个男生扬起拳头恶狠狠地说道。

"好好好……可是我的东西真的很多,你们再给我几分钟。"蒋话唯唯诺诺地答应着,加快了翻书包的速度。

"老师,就是他们两个!"突然巷子外响起了一个声音,张佳伟带着几位老师和学校的保安到了巷子里。

"你们在干什么?"一个老师严肃地问道。

两个大个子男生立刻变了一副笑脸,说道:"老师,我们在跟低年级

的学弟们开玩笑呢！"

"是吗？"老师怀疑道。

这时，蒋话站了起来，说道："老师，他们在抢劫和勒索，我有证据，我录音了。"说完，他掏出了自己一直藏在裤子口袋里开着录音功能的手机。

就这样，两个大个子男生被老师和保安带回去接受"教育"了。

男孩成长加油站：

爱因斯坦说过："我要做的只是以我微薄的力量来为真理和正义服务。"男孩一定要有正义感，当我们遇到违法犯罪行为的时候，一定要积极举报。男生也一定要有勇敢的心，当我们遇到比我们弱小的人需要保护的时候，一定要挺身而出，伸出自己的援助之手。

关爱男孩成长课堂

男孩如何正确地见义勇为

见义勇为是中华民族的传统美德，但是青少年的能力是有限的，所以青少年在见义勇为的时候，一定要慎重思考，运用自己的智慧来解决问题。男孩在见义勇为时一定要注意以下几件事：

首先，见义勇为一定要根据自己的能力来。我们经常在新闻里看见，不会游泳的人见义勇为去救落水的人，结果两个人都没有生还，这实在是悲剧。现在我国法律条例中已经规定"不鼓励未成年人实施与自身能力不

相符的见义勇为行为"了，所以，男生在见义勇为时一定要先估计自己的能力。

其次，见义勇为可以智取。当你遇见违法犯罪行为的时候，不要冲动地直接挺身而出。正确的做法是，你要及时举报反映给相关部门以及留存证据，就像故事中的蒋话一样，通过录音、视频等手段保存证据，方便调查取证。

最后，见义勇为一定要保证自己的安全。这是见义勇为的前提，不管在什么情况下，保证自己的安全都是最重要的。一个连自己安全都保证不了的人，用什么去见义勇为呢？

真正的勇敢不是鲁莽行事，而是理智思考，慎重行动，在保证自身安全的同时维护正义。希望每个男孩都能成为真正勇敢的人。

 敢于说"不"

陆阳是个腼腆的男孩，他有一个苦恼，就是每当同学们拜托他做他不想做的事的时候，他都不好意思拒绝。第一是因为，他觉得拒绝别人就是不乐于助人的表现；第二就是，他怕他拒绝了同学之后会影响同学之间的关系。

这天，他放学之后刚好准备去参加一个自己非常喜欢的作家的新书签售会，结果同桌许程叫住他说："陆阳，你今天帮我打扫一下卫生行吗？我们今天约了隔壁班打篮球赛，放学就要去。"

"我……"陆阳刚想开口拒绝，就被许程打断："你不会是要拒绝我吧？你不要这么不够意思啊，你平时又不打篮球，放学还能有什么事，老师不是说了同学有困难要互相帮助的吗？就这么说定了啊。"

陆阳心里计算着，放学之后，他动作快一点，打扫完卫生应该只需要二十分钟，然后他再跑过去，应该还可以赶上新书签售会，于是他点头答应了许程。

许程一放学就跑了，教室里就剩下陆阳和其他三个一起被安排做卫生的同学。

有两个同学胡乱地搞了一下自己分配的区域，便对陆阳说道："陆阳，我们两个今天约了去逛街，我们这边已经打扫完了，一会等学生会来检查，要是有问题，你就帮我们清理一下行吗？"

还没等陆阳开口，两个同学就飞快地背着书包离开了。是啊，陆阳从

来没有拒绝过人，他们自然认定只要自己说出口，陆阳就会答应了。

还剩另外一个同学和陆阳在一起等待学生会的检查，陆阳本来想跟这位同学说，自己赶着去一个签售会，能不能让这个同学帮个忙，帮他看一下自己的区域，自己先走一下。

结果陆阳还没说话，这个同学就开口了："哎呀，我突然想起我还答应了许程打扫完卫生去看他们的比赛，陆阳你在这里看着，我先走了。"说完，这个同学背起书包就往篮球场的方向跑去。

教室里只剩下陆阳一个人，他着急地看了看手表，离签售会开始已经过去了半个小时。可是他必须等到学生会检查完了卫生才能离开。他在教室里焦虑地等着，说来也奇怪，平时学生会检查卫生，都会在放学后四十分钟左右就过来。可是今天，不知道被什么事情耽搁了，他们一直到放学后一个小时才来。而且因为其他三位同学的区域都不太合格，陆阳又只能自己一个人帮他们全部处理了一遍。

等到他背着书包离开学校时，离放学时间已经过去了一个半小时。

他打车赶到搞活动的书店，工作人员告诉他，活动已经在十五分钟前结束了。陆阳看着书店门口挂着的自己最喜欢的作家的照片，难过地低下了头。

男孩成长加油站：

男孩们是否也和陆阳有着一样的困扰呢？生活中，有时候自己明明不想去做某些事，但是面对他人的请求，自己只能出于"面子"或者"道义"答应下来，然后勉强自己去做一些不喜欢的事。这样不但会把自己搞得很累，而且自己有时还会因此心生埋怨，从而影响自己和别人的关系。

男孩要明白，拒绝并不是对人际关系的破坏，也不是代表你不热心帮助别人，而是一门你必须掌握的人际交往艺术。

关爱男孩成长课堂

拒绝是一门艺术

在生活中，男孩一定要学会对不合理的要求说"不"，但是如何说出这个"不"字，其实是有讲究的，因为如果说得不好，的确会影响朋友之间的关系。那么如何说好这个"不"字呢？

首先，拒绝一定要委婉。强硬的态度，往往会让人觉得反感，或者认为你就是不想帮忙。因此我们在拒绝别人时，不要用太强硬的语气，可以加"不好意思""虽然我很想帮助你，但是……"这些作为修饰。这样既能表明自己的态度，又能让别人感觉不那么受伤。不过态度委婉并不代表立场不坚定，如果你真的不想勉强自己去帮别人干这件事，那么，就不要勉强自己。

其次，学会倾听。我们在拒绝他人的要求时，一定要听完他人的陈述。如果别人事情只说到一半，你就立刻表明拒绝的态度，这样不仅不礼貌，也会让别人很伤心。所以，我们一定要认真倾听并且弄清楚他人的要求，再根据自己的情况，考虑自己是不是想拒绝。

最后，注意对方的情绪。在你说出拒绝的话时，记得关注一下对方的情绪。如果对方有伤心或者生气的情绪表现出来，我们一定要解释一下自己拒绝的理由。相信我，真正的朋友是能够理解你的拒绝的。

男孩一定要学会说"不"，因为有时帮忙之后心生怨怼会对朋友造成更大的伤害。

道歉并不代表懦弱

张小龙和李岩是最好的朋友，他们每天一起上学、放学，一起运动、学习，形影不离。

星期六，张小龙打电话约李岩去书店买书，李岩欣然同意。可是张小龙到了书店门口左等右等都没有等到李岩，打李岩电话也没有人接，张小龙十分生气。

一个小时后，李岩匆匆赶来，张小龙一看到他便生气地说："你怎么这么晚才来，我等了你一个小时，电话也打不通。"

李岩开口说道："对不起，我不是故意的，我是因为……"

结果李岩理由还没有说完，张小龙便打断他："你不要找什么借口了，你是不是根本没有把我这个朋友放在心上，既然这样，我们也别做朋友了。"说完，张小龙便生气地离开了。

张小龙气冲冲地到了家里，妈妈问他发生了什么。他将事情原委说明白之后，妈妈温柔地说道："也许李岩真的有什么要紧事，是你误会他？"正在气头上的张小龙不管妈妈怎么劝也不愿意原谅李岩。

晚上，两人共同的朋友小辉给张小龙打来电话，张小龙这才知道自己误会了李岩。原来李岩今天在公交车上遇到了小偷，小偷偷走了他的手机，让他没办法联系自己。他报警后，警察又带他回派出所做笔录，所以才耽误了时间，让自己等了这么久。

张小龙心里很懊悔，但是又不好意思拉下脸去跟李岩道歉。而李岩也因为上次张小龙说的不做朋友的话而不敢再找张小龙。两人的关系一落千丈，仿佛到了冰点。小辉替两人着急，找到张小龙说："你跟李岩道个歉不就好了，上次的事情本来就是你做得不对。"

张小龙心虚地说道："道歉是弱者才会去做的事情，我才不会去跟他道歉。"

张小龙的妈妈听说了两人的事，特意来找张小龙聊天，听到张小龙的想法后，妈妈严肃地说道："做错了事情就要道歉，这不是从小老师就教给你的吗？你上次误会了李岩，还说了那么伤人的话，既然你都已经知道自己误会了他，犯了错误，为什么还要让自己继续错下去？每个人都会犯错误，但最可怕的事情不是犯错误，而是明知道自己错了还不改正。道歉从来就不代表懦弱，而是代表勇敢。"

张小龙听了妈妈的话，十分愧疚，立刻打了李岩的电话，他对李岩说："李岩，对不起，上次的事情是我误会了你，我没有搞清楚事情就直接发脾气，还说了那么重的话。甚至在知道自己做错了之后还一直没有跟你道歉，和你冷战了这么久。我现在跟你道歉，对不起，你还愿意继续跟我做朋友吗？"

电话那端传来了李岩熟悉的笑声，他说道："我们一直是最好的朋友啊。上次的事情我也有错，让你等了那么久，后来又因为你说的那些话有些伤心和害怕，以为你还没有原谅我，所以才一直没有跟你说话。其实我从来没有怪过你，朋友之间怎么会计较这么多呢！"

听了李岩的话，张小龙更感愧疚。他想，还好，我及时道歉，没有失去李岩这样一位珍贵的朋友。

男孩成长加油站：

金无足赤，人无完人。每个人都会犯错误，面对错误，正确的态度是不逃避，勇敢面对自己犯下的错误并且承担责任。道歉并不是懦弱的行为，相反，它是一种勇敢的态度，是责任感的体现，是人与人之间关系的润滑剂。有些国家甚至还出台了《道歉法》，因为他们认为，道歉是抚平心理创伤的有效良药。

关爱男孩成长课堂

如何道歉更有效？

敢于道歉并不是要用花哨的言语去为自己的行为狡辩，也不是为了去骗取别人的宽恕，而是一种敢于承担自己犯下的错误的负责任、有担当的表现。道歉也有一定的技巧，在道歉时，注意以下几点，能够让我们更容易取得别人的宽恕和理解。

首先，道歉的态度要诚恳。如果没有一个诚恳的态度，那么你的道歉不过是想骗取别人的原谅罢了。所以，在道歉时，我们一定要使用礼貌用语，例如：抱歉了，对不起，请包涵，深感惭愧等。只有在言语上表现出了对对方的尊重，才能体现出你的诚意。如果你道歉时还采取凶狠的态度，使用粗暴的语言，很难让对方相信你是真心道歉，这样只会让事情变得更糟。

其次，及时道歉。有心理学研究表明，道歉越快越好，最好是四十八小时之内。如果你犯了错误还一直憋着一口气不去道歉，这样不仅会让对方感觉被冒犯，还会让对方感觉被忽视。这样一来，对方产生的怒火可能

要大过因为错误本身而产生的怒火。因此一旦意识到自己犯了错误，就要马上去向对方道歉。

最后，用小礼物缓和气氛。有时我们意识到了自己的错误，也萌生了去道歉的想法，却在面对对方冷漠的脸时还是不好意思将道歉的话说出口。如果你的性格是这样，那么你去道歉时可以选择带上一个小礼物，如一个小蛋糕，一朵鲜花，或者是对方喜欢的某种东西。美好的东西总是能缓和僵硬的气氛。当对方看到了你的小礼物，接收到了你道歉的信息，心里的怒火自然会少一些。也许看到对方缓和的表情，你便更有勇气说出道歉的话了。

人际交往中是免不了摩擦的，朋友、同学还有家人之间都免不了争吵。发生矛盾不重要，认真去思考并解决矛盾才是我们要做的事。

团队合作需要责任感

　　有三只老鼠一起结伴去找食物，它们找了很久，终于在一个墙角发现了一个被丢弃的油缸。可是，让它们着急的是，油缸很深，里面的油没有多少，都在缸的底部。

　　三只老鼠急得团团转，过了一会儿，其中一只老鼠提议道："不如这样，我们一只咬着一只的尾巴，然后轮流喝缸底的油，这样，我们每个人都可以喝到油。怎么样？"其他两只老鼠听了，都十分赞成，它们约定，有福要同享，谁也不能偷偷把油喝完。

　　就这样，一只老鼠站在油缸边，咬着另一只的尾巴，另一只又咬着第三只的尾巴，终于把这只老鼠放了下去。

　　这只老鼠看着面前的油，十分开心，它喝了一口，心里想道："这里的油也不算多，这样的机会也不会经常有，我既然今天是第一个喝的，那我就要喝个饱，反正它们也不知道下面到底有多少油，我多喝点，它们也不会知道。"于是，它开始放开肚子喝油。

　　中间的老鼠也在想："今天的油本来就不多，第一只老鼠喝了这么久了，一会儿万一它把油都喝光了，我却还在这里喝西北风，岂不是太傻了？我还是放开它，自己下去多喝几口比较靠谱。"

　　最上面的那只老鼠脑袋也转个不停："下面油有多少我都不知道，就这样傻傻地等着它们两个在下面喝，万一它们喝完了，一口都不留给我，怎么办？我何必要这么费劲地在这里拉着它们？不如我自己跳下去，饱餐

一顿。"

　　于是，中间的老鼠放开了最下面的老鼠的尾巴，最上面的老鼠又放开了中间的老鼠的尾巴，自己跳了下去。结果，它们在缸底争先恐后地喝着油，喝完以后，却怎么也爬不上缸顶了。

　　这时，它们又开始相互埋怨，之前在最下面的老鼠说道："你们不在上面好好拉着我，干吗非要跳下来？现在我们谁都上不去了。"

　　中间的老鼠指着最上面的老鼠说道："还不都是它放开了我，才害得我们掉了下来，要不是它自己也跳了下来，我们肯定还能有办法上去；现在什么办法也没有了。"

　　最上面的老鼠不客气地说道："我要是不下来，怎么知道你们两个这么能喝？刚刚你们喝了多少油，我要是乖乖等在上面，恐怕只能喝西北风了，现在你们反倒怪起我来了！"

　　就这样，三只老鼠在油缸里争论不休。它们争吵的声音引来了一只野猫，它们又困在油缸里出不去，最后，三只老鼠都成了野猫的腹中之物。

男孩成长加油站：

　　团队合作需要责任感，只有这样，团队才能又好又快地实现目标，并且实现团队利益的最大化。三只老鼠没有意识到这一点，它们都只在乎自己的私利，没有意识到自己在团队中的位置，没有承担起自己应该承担的团队责任，最后谁也没有得到好处。

关爱男孩成长课堂

男孩如何培养责任感

在一个团队中，责任感是团队的核心，只有团队中的每个人都保持责任心，一个团队才能有凝聚力，才能更好地实现合作和共赢。那么男孩如何培养自己的责任感，让自己更值得被信任呢？

第一，多问自己"我做得好不好"。每个人的身上都承担着一定的责任，当你担负起一件事，你是否会经常反省自己够不够负责？事情是否还能做得更好？当你有了这样一种意识，就代表你的责任心正在成长。

第二，将"要我做"思想转变为"我要做"思想。看起来只是调整两个字的位置，其实却是思维上主动意识和被动承担的巨大差异。当你有了主动意识，就代表你明白了自己肩上的责任，你愿意主动去承担这些责任。这样的人，在团队中往往会成为核心的领导者，他们有着与众不同的魄力，因为他们有强烈的责任感。

第三，加强自己的执行力。执行力高的人往往都是责任感强烈的人，因为他们知道，只有加强自己的执行力，才能保证自己很好地完成每一项任务，尽好自己的责任。加强自己的执行力，保证自己能尽量高效、精准地完成自己的任务，这样可以让你变得更有凝聚力。

第四，对结果负责。真正能对结果负责的人，需要勇气、责任和能力，缺一不可。对结果负责不是简单说说，而是你要去找出问题、处理问题、承担问题，最后解决问题。当你能做到这些的时候，就说明你是一个富有责任感的人了。

责任感是男孩必备的品质，也是男孩成熟的象征，有责任感的男孩才能成为优秀的人。

 # 不找任何借口

曾经有一家建筑公司需要招聘一名建筑设计师。经过多轮考试，最终有三名优秀的青年一起通过了最后一轮测试。

负责招聘的人力资源经理带着他们到了一处简陋的建筑工地，指着地上散乱的三堆红砖，说道："首先，恭喜你们通过面试，不过现在要先交给你们一个任务，这三堆红砖，你们每人负责一堆，必须码整齐。"

说完，他就离开了，并没有说明码整齐的红砖要用来干什么。

三人都带着疑惑开始码地上的红砖，天气很热，三人因为面试都穿着正装，不一会儿，汗水就打湿了他们的衣服。

"我这件衣服可是为了来面试花高价买的，现在却因为搬砖弄脏了，也太划不来了。"其中一位青年扯着领带抱怨道。

另一位看了他一眼，也不满地说道："是啊，我们可是来做设计师的，设计师的手怎么可以用来做这些杂活。"

第三位青年用手擦了擦额头上的汗，喘着气粗声说道："快干吧，等事情做好了，就可以休息了，既然是经理交代下来的任务，我们还是先完成吧。"

说完，他卷了卷袖子，埋头开始搬砖。

旁边两个青年看着他，悄悄讨论道："我们不是已经被录用了吗？也许公司就是想看看我们到底能做多少事。我们别傻傻地用了全力，这样公司以后容易压榨我们。而且搬砖这种事，本来也不是我们的工作，做不好

也无可厚非。"

于是，两人搬一会儿，休息一会儿，再说一会儿话，等到那个一直在搬砖的青年把砖都码好的时候，这两人还只完成了一半的工作量。

经理回来了，他看了看整整齐齐的一堆红砖和还散乱着的另外两堆，微笑了一下，说："我们公司其实只招聘一位设计师，不知道大家注意看了没有，我们在招聘启事中写明了'设计师需要有责任心'这一要求。毕竟建筑设计不是可以随便做做的工作，如果一栋大楼的设计者都没有责任心，那么我们如何保证这栋大楼的安全？在建筑设计中，一个极细微的差错都可能酿成大祸。所以我宣布，这次我们公司要选择的设计师就是他。"经理指着那位一直没有偷懒，将砖全部码好的青年。

"经理，我们并不是没有责任心，只是真的搬不动，所以休息了一下而已。你只要给我们时间，我们是可以做完的。"其中一位青年为自己辩驳道。

"哈哈，不用找借口了，我在远处看得清清楚楚。你现在连自己偷懒这么一点小事都不肯承认，要是真的成了建筑设计师，我怎么敢让你来负责？"经理打断他的话，两位青年垂头丧气地离开了。

男孩成长加油站：

工作与责任心是密不可分的。医生的责任是救死扶伤，建筑师的责任是保证建筑安全，飞机维修师的责任是保证飞机飞行安全……这些工作一旦出错，便是无法挽回的大错。如果一个人做事只有责任心没有热情，那么他将会觉得自己做的事非常枯燥，难以坚持下去；可是，如果一个人做事只有热情，没有责任心，他就无法把事情做好。

■ 关爱男孩成长课堂

不找借口找方法

男孩们在学习和生活中总会遭遇挫折和困难，有人在考试失利时会想："这次就是我运气不好，下次遇到会做的题目我就不会考这么低的分了。"有人一直想学外语，却每天都说："今天时间不够了，明天我一定要腾出时间来好好学。"

男孩们是否有想过，你们为自己找的这些看起来冠冕堂皇的理由其实全是借口，在通往成功的道路上，懒惰的人通常找借口，而聪明的人往往找方法。那么如何成为一个不找借口找方法的男孩呢？

首先，男孩要对自己有一个清醒的认识。金无足赤，人无完人，成功的道路不是一帆风顺的。遭遇困难和失败并不是一件丢脸的事，它代表我们自身还有一些需要改进的缺点和不足。只有具备了这样的认识，我们才能减少找借口的行为。

其次，从小事做起。只要仔细观察，男孩们会发现，找借口这种习惯不是在面对失败时才有的，可能是因为我们在面对一些生活小事的时候就已经养成。例如迟到了五分钟，我们会说下雨堵车了，却不会想到，今天下雨，有可能堵车，所以我们要早出门五分钟避免这种情况发生。因此，我们可以先从生活中的小事观察起，发现自己有找借口的行为，就反省一下自己，想一想这件事情自己应该怎么做才能避免。先养成在小事上不找借口的习惯，这样面对重要的大事，就能自觉去找解决办法了。

最后，少说多做。如果不能控制自己想说话，那就干脆闭嘴。在遭遇事情时不去管外界的评价或者为自己争辩，埋头做事。少说多做的人永远比少做多说的人更靠谱。

　　成功道路上的困难从来不是被借口解决的，而是被努力和坚持打败的，所以，从现在开始，抛弃借口，成为不找借口找方法的男孩吧！

 # 不要放任自己

科特维尔从大学毕业了，同学们都在为找工作而焦头烂额，可是他从来没有想过要去找一份正经的工作。他今天在叔叔家的杂货店帮一会儿忙，明天去朋友家的游戏厅帮忙看半天店。

"科特维尔，你怎么不去公司找一份工作？你要对自己以后的人生负责才是啊！"他的大学同学兰纳问他。

"哦，我的朋友，在那些公司里的工作都太累了，我只想找个轻松一点的活儿干。"科特维尔愉快地回应，"你看看你们，每天工作那么累，有什么用？我们最终都要老得躺到棺材里去，你们还不如我过得轻松和快活呢！"兰纳被科特维尔的话气得转头就走了。

科特维尔的父母也为他担忧："科特维尔，你要上进一点，我们不能照顾你一辈子，你得为自己的以后考虑啊。"

科特维尔满不在乎："时间还早呢，等我玩够了，自然会去找好的工作。"父母叹着气，摇了摇头。

科特维尔混了三年日子之后，终于准备去找工作了。可是他学历一般，又没有工作经验，还看不上工资低的工作，过了好久，才被同学介绍了一份在商业大楼当保安的工作。保安的工作很轻松，只要在大楼前给来访人员进行身份登记就行了。

"你好，我是来找人的。"窗口外，一个穿着西装戴着墨镜的中年男人说道。

"本子就在旁边，你写上名字吧。"科特维尔头也不抬，用余光看到那人在本子上写了两笔，就让他进去了。

科特维尔玩了一会儿游戏，累了，便趴在桌子上打起盹来，登记的本子也随手扔在一边。离下班还有半个小时，睡醒了的科特维尔就收拾好了自己的东西，他心想："我今天约了朋友去打台球，可不能迟到。"

第二天，科特维尔一来上班就被主管叫到了办公室。

"昨天的访客登记是你做的吗？"主管严肃地问。

"是啊，有什么问题吗？"科特维尔不知发生了什么事，小心翼翼地问道。

主管大声训斥道："你知道昨天晚上公司最重要的商业机密被盗了吗？我们查了昨天的监控，进来的人里面，有一个是我们竞争对手公司里的员工，就是他窃取了公司的商业机密！你昨天竟然没有检查他的证件就让他进来了，他登记的是假信息你知道吗？"

"我……我不知道。"科特维尔吞吞吐吐地回答。

"我们看了监控，你总是在上班的时间玩游戏、睡觉，丝毫没有认识到你这份工作是公司安全最基础的保障！难怪最近大楼的失窃案多了许多，原来是你一直没有对自己的工作负责的缘故。"主管严厉地对科特维尔说，"现在我宣布，你被公司辞退了。"

科特维尔灰溜溜地离开了公司。后来，因为这件事，他上了许多公司的黑名单，没有公司敢聘用他了。介绍科特维尔去这家公司的朋友也因此被上司骂了一顿，从此，也没有朋友和亲戚敢给他介绍工作了。

男孩成长加油站：

人必须要对自己有要求，不能放任自己的行为，只有严格要求自己，才能更好地做好自己要做的事，这是对自己负责的表现。科特维尔从来没想过要对自己有要求，只图自己轻松好玩，所以造成了被辞退的后果。在日常生活中，男孩不能放任自己为所欲为，必须做到对自己有要求，对自己的人生负责，这样才能走向成功。

关爱男孩成长课堂

男孩要学会自我管理

我们要对别人宽容，但是一定要严格要求自己，因为每一个优秀并成功的人都是对自己有要求的人。严格要求自己既是一种品格，又是一种能力，只有严格要求自己，男孩才能够更好地管理自己，管理人生。男孩应该如何严格要求自己呢？先从学会制订严密的计划开始吧！

首先，男孩要明确自己的计划类型和包含要素。计划可以分为短期计划、中期计划、长期计划，但不管是什么计划，男孩在制订的时候，一定要精准定义。男孩要列出计划的时间标准、最终目的、实现效果等一系列要素，例如：一周内看完《朝花夕拾》，了解作者鲁迅的生平和主要作品，并写出一篇六百字的读后感。只有这样，男孩才能在时间过去之后确定自己是否完成计划。另外，明确计划的时候一定要注意计划的可完成性，不要给自己制订大大超出自身能力范围的计划。

其次，细化已经制订的计划。男孩要学会将每一个计划分解成为一个个小计划。例如，将一周内看完《朝花夕拾》分解成每天看四十页，然后

每天检测自己是否有达到目标。这样，计划会更容易实现，会对计划制订者起到鼓舞作用。

最后，建立计划追踪机制。光制订严密的计划还不行，要落实到计划的执行。男孩要知道自己的计划已经执行到了哪一步。最好的追踪方法就是给自己准备一个计划本，将自己的计划一条条写在上面，每天进行一次检测，在完成的计划后面为自己盖上一个戳记。每天确认自己的计划执行进度，并随时根据情况调整自己的计划。

以上就是男孩给自己制订计划并督促计划完成的基本方法。一旦计划制订了，男孩们一定要严格要求自己，努力完成计划，只有这样，才能一步一步成为优秀的人，一步一步走向成功。

 ## 诚实是做人的根本

天佑是个耐不住寂寞的孩子。他爸爸的公司越做越大，不久就带着家人搬进了新的高档小区，天佑迫不及待地想认识新的朋友。小区里有几个和他年纪相仿的少年，这几天在组织玩滑板，一帮人从小区这头滑到那头，又从那头滑回这头，呼啦啦像一阵风一样。天佑很快跟他们认识了，让爸爸买了一块滑板，加入了滑板少年的行列。

一次比赛，少年们发生口角，一言不合就要打架。有个人从花坛里捡起一块石头，把对方父母的车给砸了。那是一辆价格不菲的奔驰。车窗玻璃碎了后，少年们反应过来，意识到闯了大祸，于是互相约定，谁也不准说出去。天佑平时特别崇拜电视剧里的兄弟义气，这下，他有了可以扮演为兄弟两肋插刀的忠诚朋友的机会，发誓绝对不会说出去。

当天夜里，大人们就发现了车窗玻璃被砸碎的事情，找物业闹了起来。大家闹哄哄地找了半宿，发现罪魁祸首是一群孩子，于是就把他们都召集起来。巧的是，其他孩子都没有被小区监控拍到脸，只有天佑被拍到了。于是，大人们将天佑团团围住，让他交代出谁是砸车的人。

天佑早就做好准备了，不管对方怎么质问，他一口咬定不知道。说这话的时候，他看见真正的"作案人员"也挤在人群里，那人听到天佑的话，朝他挤眉弄眼地笑。

天佑更得意了，坚决不肯"出卖"兄弟，不管大人们和物业管理人员怎么劝说，他都没有再开口。对方没办法，只好说："如果你不肯把真相说出来，那你的嫌疑就是最大的！"天佑大声否认："不是我！"对方冷笑："不是你？那你把砸我车的人说出来，不然你喊得再大声也只能说明你心虚！"

天佑犹豫了一下，但他想到电视里那些讲兄弟义气的故事，内心受到了鼓舞，把头一摇，说："不管你信不信，反正我就是没有看见！"对方没办法，直接找了天佑的父母，让他们赔钱。爸妈虽然不相信天佑会故意砸别人的车，但对方拿出了监控视频，不管怎么说，天佑都有嫌疑。他们刚刚搬到这个小区，不想跟邻居闹僵，于是好言好语地跟对方道了歉，也赔了钱。

这下，围观的人们不禁指着天佑窃窃私语。

"小小年纪不学好，将来一定是个坏小子。"

"连孩子都管教不好，这父母是怎么当的？"

"孩子，你以后离这个人远点儿，小心被他带坏了！"

听着邻居们的指责，天佑糊涂了，他明明没有做坏事，怎么会落得这个结果？他不禁看向了那个真正砸碎了车玻璃的少年，对方正被父母带回家，接触到天佑眼神的时候，立马移开了视线。

天佑期待着他会站出来认错，结果他从始至终都没有开口，直接跟父母回家去了。天佑很失望，但他想没关系，经过这件事以后，他在这帮朋友心里一定是个很讲义气的人。

然而，事情并没有像天佑想的那样发展。小区里，天佑故意砸坏别人车的流言开始扩散，原先那些滑板少年都被家里警告要远离天佑。身为全职太太的妈妈去应聘社区服务的岗位，在没有被告知任何理由的情况下被拒绝了。没过多久，他们家在整个小区被孤立了。看到父母叹气的样子，天佑很后悔，不知道自己当初为什么要坚持那种毫无意义的兄弟义气。如果他当时把真相说出来，他们家在这里就可以受到邻居的尊重。现在他即便想说出真相，也没有人会相信他了。

天佑终于明白，失去朋友，可以再去认识新的朋友，如果一个人失去信誉，就再也无法挽回了。如果给天佑一个重新来过的机会，他一定会毫无保留地把真话说出来，因为诚实才是一个人受尊重的根本。

男孩成长加油站：

要想得到别人的尊重，我们首先要做到真诚。谎话不仅会有损我们自身的信誉，还会连累身边的亲人和朋友。天佑说了谎话，损害了父母的名誉，也没有交到知心的朋友，这是得不偿失的。我们应该深刻认识到谎话的危害，无论何时都要坚守诚实的原则，千万不要为一个小小的谎话而伤害了自己在乎的人。

关爱男孩成长课堂

信守承诺是立身之本

当你开始说一个谎话，就要用一个又一个的谎话去圆之前的谎话，这样谎言带来的危害只会越来越大。

说谎话会让你失去他人的信任。信任是人与人之间关系的纽带，一旦失去了信任，你在社会上便举步维艰。父母不信任你，你会失去生活的温暖；朋友不信任你，你会失去友情的滋润；伙伴不信任你，你会失去合作的机会。

诚信，既是中华民族的传统美德，也是为人之根本、社会文明之基石，更是遵纪守法的基本表现。在日常生活中，许多作假、造假的行为不但违背了道德标准，甚至触犯了法律的底线，危害了国家和社会。国家需要法律来维护，人民需要道德来约束，而诚信，则是法律和道德的一道底线。一旦整个社会都失去诚信，那么在社会中生活的人们便会人人自危，极度缺乏安全感，这样的社会是岌岌可危的。

男孩们现在是祖国的花朵，以后是社会的栋梁，因此要注重自身的品格修养，信守承诺，从我做起。

第六章

学习让男孩保持优秀

 ## 学习需要脚踏实地

森林里住着许多的小动物，其中有一只狐狸十分有名，因为它不管见到什么事都非常喜欢发表自己的看法，久而久之，动物们便觉得他满腹经纶，非常有才华，各方面都是专家。狐狸也经常以此为傲，认为自己高高在上，看不起其他动物。

有一天狐狸正在森林中散步，碰到了一只仰慕它许久的小花猫。小花猫见到偶像，十分开心地说道："亲爱的狐狸先生，我早就听闻您博学多才，本领超群，请问您都有些什么本领呢？"

狐狸听了小花猫的话，十分不屑地说道："我学的本领数不胜数，堪比百科全书，我的身上还有许多锦囊，里面装了无数妙计，我的本领，可是你这辈子都学不完的。你说说你最近学了些什么本领，我倒可以来给你指导一下。"

小花猫听了非常高兴，说道："我最近苦练了一种本领，就是爬树。如果我在森林里遇到猎狗，我可以迅速爬上树，猎狗就无法抓到我了。"

狐狸听了哈哈大笑道："你这也叫本领？我的锦囊里有的是妙计让我可以逃脱猎狗的追捕，让我来找找教你几条吧。"说完，狐狸便在随身的锦囊里翻找起来。

这时，不远处传来了猎狗的叫声。小花猫着急地说道："狐狸先生，猎狗来了，您找到逃跑的妙计了吗？"

狐狸不紧不慢地继续一边找一边说："不用着急，我的妙计多得是，就算猎狗来了也不怕。"

几秒钟后，猎人带着四只猎狗出现在了狐狸身后。

"狐狸先生，猎狗来了！"小花猫惊慌地叫了一声，便一下爬上了旁边的树。还在锦囊里找妙计的狐狸刚准备逃跑，就被动作敏捷的猎狗一下子按在了地上。另外的猎狗还想抓小花猫，却因为小花猫爬得实在太高，它们在下面跳了许久也没有办法。

最后，猎人把已经被猎狗吓晕的狐狸抓走了。看着猎人的背影，小花猫摇摇头："狐狸先生嘴上说着有一锦囊的妙计，却找不到一个逃脱猎狗的办法，如果它像我一样会爬树的话，也许就不会被抓走了。"

男孩成长加油站：

俗话说："再长的路，一步一步也能走完，再短的路，不迈开双脚也无法到达。"对于学习来说，尤其是这样。"书山有路勤为径，学海无涯苦作舟。"如果你只是空想学习，却不付出实际行动与努力，那么就算你嘴上念着再多的学习，也无法获得你想要的知识与技能。

▌关爱男孩成长课堂

男孩如何脚踏实地地学习

男孩们的性格相比女孩来说稍显浮躁、缺少耐性，而学习，恰恰是一件需要"坐得住"的事。男孩们是不是经常会有这样的问题？明明说好要学习一下午，可是学习了五分钟便开始打游戏；上课认真听老师讲课，可是没过几天就忘记了课堂内容；明明平时学习很努力，可是一考试却总是打击你的自信心。如果有这样的困扰，那么男孩们在学习时，可以采用以下方法，让自己在学习方面更加脚踏实地。

第一，做一张时间安排表。如果你发现自己不能很好地安排时间，那么做一张时间安排表是最好的方式。首先，将自己一定会花的时间留出来，例如吃饭、睡觉、洗澡等日常生活必须进行的活动；把这些时间去掉之后，在剩下的时间之中选择适合自己的时间来安排学习活动，可以安排清晨或者晚上精力好的时候进行需要集中精神的学习活动，安排中午或者睡前这种容易犯困的时间进行轻松一点的学习活动。另外，记住千万不要把学习安排得太满，适当的娱乐可以放松心情，让学习更有效率。

第二，课堂时间一定要利用好。课堂上认真听老师讲往往比课后自己去学习花费的时间少。聪明的学生懂得利用更少的时间学习更多的知识。所以，在课堂上配合老师好好听讲，认真做笔记，能更透彻地理解知识，让学习更扎实。

第三，找到学习的规律。学习是一件需要长期坚持且有规律可循的事，按照规律学习，可以让学习变得更简单。例如，课前预习，可以让你在课堂上更快速、更系统地接受知识；课后复习，可以巩固知识结构，让知识的记忆保存得更久；学会记笔记，可以让你更迅速地抓到重点知识，了解自己知识的薄弱点。

第四，正确面对考试。考试是检测知识掌握程度的手段，并不是学习的目的。偶尔一两次考试失利没什么，摆正自己的心态，分析自己失利的原因，并努力去解决，争取下一次考好，这才是应有的态度。这样的态度，可以让你用更积极更平和的心态去面对学习，不让外物影响自己学习的心情和动力。

 # 有效沟通很重要

沟通是我们每天都会做的事，但是大家是否思考过，我们每天进行的沟通中，有多少是有效的，有多少是无效的呢？有效的沟通可以节约时间，加快事情的解决，而无效的沟通不但浪费时间，还可能会给事情造成负面的影响。

有这样一个故事，有个秀才，家里没柴了，妻子又因为有事回娘家了，于是他便自己去市场上买柴。他到了市场，看到有人担着柴火在卖，便对那个人说道："荷薪者过来。"

卖柴的人其实没有听懂"荷薪者"（担柴的人）这三个字，不过他从秀才的眼神和"过来"两个字推测出秀才应该是让他过去，于是他担着柴走到了这个秀才面前。

秀才又说道："其价如何？"（这个的价格是多少？）

卖柴的人还是没听懂，但是听到了里面的"价"字，猜测秀才大概在问价钱，于是便说了柴的价格。

秀才看了一眼他的柴，摇头说道："外实而内虚，烟多而焰少，请损之。"（你卖的柴外表看起来是干的，里面却是湿的，烧这样的柴，烟有很多，火焰却很小，请降低一点价格。）

这回卖柴的人彻底没有听懂秀才的话，看到秀才摇头，以为秀才不想买他的柴了，便担着柴离开了。

结果秀才在集市上转了一大圈，也没有买到柴火。秀才十分生气，怎么整个集市上一个愿意卖给他柴的人都没有？最后他只好叹气回家，晚上连一口热饭和热水都没有。

第二天，秀才的妻子从娘家回来了，秀才将昨天集市上的事告诉妻子，妻子大笑道："集市上卖柴的都是不识字的粗人，你跟他们说话当然要简单易懂一点。你用平时跟人家探讨学问的方式去买柴，他们根本听不懂，你又怎么能买得到呢？"

听了妻子的话，秀才才恍然大悟，是自己说话的方式有问题，才导致连买柴这件小事都没有做好。于是，他再次去往集市，找到了卖柴的人，简单通俗地说明了自己的来意，一下子就买到了自己需要的东西。

故事中的秀才买柴的故事就是无效沟通和有效沟通的对比。面对文化水平不高的人，他做的便是无效沟通，对方无法弄明白他的意思，连买柴这么一件小事都无法完成。因此，当我们需要沟通一件事情时，要尽量保证自己进行的是有效的沟通。

男孩成长加油站：

日常生活中，我们都会和许多人进行许多的沟通，但是这些沟通之中，只有对方和我们能够对传达的信息达成一致的理解时，沟通才算成功。有时，日常生活中的许多矛盾、误会都是由于沟通不畅造成的。例如你说的话可能只是想表达某个观点却因为错误的用词和错误的方式导致双方得到的信息不一样，从而造成了误会。加强沟通是加强人与人之间联系的最好办法，但是这样的沟通最好是清晰、有效、善意的沟通。

关爱男孩成长课堂

沟通中要避免的错误

在人际交往中，有效的沟通一般被认为含有七个要素：清晰、简洁、具体、准确、连贯、完备、谦恭。无效沟通的产生往往是这七个要素中的一个出现了问题，那么下面我们就来细数一下沟通中可能会犯的错误吧。

1.有问题直接问而不是猜测。

这是人们在沟通中经常会犯的错误，具体表现为：在他人问我们为什么要这样做时，我们会给出"我以为……""我觉得……"这样的回答。如果你有疑问，那么，直接问出口，尽量不要让自己的想法来代替对方的想法。

2.在进行负面反馈时，不要回避。

有时，面对比较难回答的问题，我们会下意识地不想回答，或者顾左右而言他，例如成绩不理想时面对父母的追问。其实面对这些问题，最好的沟通方式是直接回答，并且表明自己真诚的态度。比如，告诉父母自己的真实成绩，然后表示，这次是自己不够努力，下次一定会考好。

3.沟通时尽量不要带情绪，不要将"直接的表达"误会成"攻击性的表达"。

沟通时尽量让自己冷静，不要将愤怒、不满等情绪带入沟通之中，这样会让自己变得偏激，也会对对方产生影响，导致沟通难以继续。而"攻击性的表达"会让你真正想传达的信息变得难以传达，而只会让对方看到你的情绪。

4.就事论事，不要扩大讨论范围。

当你与对方就某件事情进行沟通时，要尽量将沟通的主题集中在事情上，不要在沟通中加入其他问题。例如，"我觉得你是不对的，因为这件事你之前就没做好过"，或者"你人品有问题，我不会相信你的判断"。这样的沟通可能已经超出了你需要沟通的事情的范围。

5.好的沟通是双赢，而不是某一方的胜出。

沟通的真正目的是解决问题，而不是你要赢过对方。好胜心只会让对方觉得你太强势，没有沟通的诚意。不要让沟通变成一场辩论赛，沟通时要注意多听取别人的观点，不要别人与你意见不同就下意识地去反驳。

多进行有效沟通，避免上述的这些错误，这样才能让沟通成为真正解决问题的有效方式，让你真正成为会沟通的人。

 # 学习贵在坚持

　　小宇放学回家，却一直闷闷不乐地把自己关在房间。父亲觉得很奇怪，便问他怎么了。

　　小宇委屈地问道："爸爸，我是不是比别人笨？"

　　小宇爸爸惊讶地问："为什么你会这么觉得呢？"

　　小宇带着哭腔说道："我最近每天都很认真地学习，放弃了以前喜欢玩的游戏，放学第一件事就是回来写作业、复习功课，可是这几次考试，我还是一点儿进步也没有。班上那几个平时比我贪玩、学习不如我用功的同学都比我考得好。难道不是因为我比别人笨吗？不然为什么我明明已经努力了，却还是没有好的结果呢？"

　　爸爸摇摇头，说道："孩子，我给你讲个故事吧。有一位非常有名气的老画家，他画了五十年的画，在国内外都获得了多项大奖，每一位见过他作品的人都被他画中的灵气和意境打动。有一个画画非常有天赋的年轻人来拜访老画家，他说：'别人都说我和您一样有天赋，但是我总觉得我的画还缺些什么，您能告诉我您画画的秘诀吗？'老画家大笑着摇头，说道：'五十多年前，我开始学画画的时候，可没人说过我有天赋这种话。那个时候，班上比我画得好的人多得是，只不过，他们都没有坚持下去，中途放弃了。而我唯一的秘诀，不过是坚持了五十年罢了。'年轻人听了老画家的话，对老画家十分佩服，从此坚持苦练，最终也成了一名享誉国际的画家。所以孩子，每个人在学习面前都是平等的，没有人生来就比别人笨，只不过结果需要时间来证明罢了。你现在还没有取得好的成绩，只是时间还没有到，只要你一直这样努力坚持，迟早会看到效果。"

小宇擦了擦眼泪，眼里露出坚定的光芒，点了点头。

自那天之后，小宇比之前还要努力，上课认真听讲，积极回答问题。

之前和小宇一起玩游戏的朋友来找他，不屑地说："你这么努力，成绩不还是这样吗？既然没有效果，为什么不拿这些时间来玩游戏呢？"

小宇严肃地说："成绩没有提高，只能说明我的努力还不够，所以我要继续加倍努力才行。"

一个月后，小宇拿着成绩单开心地跑回了家。这次考试，他取得了有史以来的最好成绩，在班上名列前茅。

爸爸微笑着看着他，说道："这是你应得的，因为你一直在勤奋刻苦的路上坚持，没有放弃。"

男孩成长加油站：

俄国作家陀思妥耶夫斯基说过："只要有坚强的意志力，就自然而然地会有能耐、机灵和知识。"任何事情，只要我们能够一直坚持下去，就一定能看到成果。也许有时，你会因为付出了却没有结果而感到失落，其实并不是这样。你付出过的努力，都会得到回报，只是需要经过时间的考验。所以，你要相信，坚持下去，成功就在前方！

▌关爱男孩成长课堂

男孩如何学会坚持

作家格拉德威尔曾经在作品《异类》中提出了著名的"一万小时定律"：人们眼中的天才之所以卓越非凡，并非天资超人一等，而是付出了持续不断的努力。一万小时的锤炼是任何人从平凡变成世界级大师的必要条件。

其实，每个男孩都知道坚持是成功的一大要素，却不一定都能做到，那么我们今天就来学习一下，如何让自己更好地养成坚持的习惯。

首先，男孩要有积极的信念。当你决定开始坚持做一件事之前，你一定要相信，这件事只要你努力坚持，就一定能成功。只有给这样的心理暗示，我们才有一直坚持下去的理由。不然，你一开始就犹豫，不相信自己能做成这件事，就很容易在努力的过程中放弃。如果你自己都不相信自己能成功，那别人怎么会相信你呢？

其次，男孩可以找一个竞争对手。确立了目标并相信自己能完成之后，如果怕自己中途偷懒，可以找一个和你有共同目标的同学或者朋友，互相监督。因为如果一个人努力，没有参照物，你可能会满足于自己稍微取得的一点点成就。但是，一旦和别人产生了竞争关系，男孩心里的斗志便能被激发，从而形成良性竞争。

最后，男孩要有忍耐刻苦的心理素质，学会及时调整自己的状态。坚持是一件漫长的事情，在这个过程中，你可能会烦躁，可能会苦闷，但是，千万不要给自己松懈的机会。因为很可能你的这一次放松，就会打乱你整个坚持的节奏。所以，如果出现了这样的状态，自己意志力不坚强了，一定要迅速地调整自己，你可以去跑跑步或者听听音乐，绝对不可以

放任烦躁、消极的情绪发展。

心理学家研究表明，21天以上的重复会形成习惯，90天以上的重复会形成稳定的习惯，所以，当你想要放弃时，告诉自己，再坚持一下吧！

 # 少壮不努力，老大徒伤悲

鹿凡从小就被称为天才。他两岁的时候就已经认识许多汉字，三岁的时候能背诵几十首唐诗，六岁上小学时已经在父亲的教导下将小学课程基本学完了，再长再难的课文，他读两三遍就能完整地背诵。小学每次考试鹿凡都是第一名，老师喜欢他，同学、朋友羡慕他，他一直生活在天才的光环和周围人的夸赞之中。

渐渐地，鹿凡生出了偷懒的心思。老师上课时，他不再那么认真地听课，作业也不那么认真地完成，老师要求要背的课文，他也就是临时抱佛脚地在老师检查的时候背一下，从来不去复习。他想，反正自己这么聪明，随便学一学，每次考试照样是第一。

老师发现了他的懈怠，找他去办公室谈话。"鹿凡，老师知道你很聪明，但是再聪明的人也要认真学习才能取得成就。《伤仲永》的故事你知道吧，方仲永小时候也是天才，五岁就能写诗作文，结果因为他的父亲唯利是图，没有让他继续学习，而是整天带着他拜访别人，等到了十二三岁的时候，方仲永就和普通人没什么两样了。老师希望你能以此为戒，认真学习。"

鹿凡听了老师的话，表面上虽然点了点头，但是他心里想：小学的知识我已经学过了，等到初中的时候我再努力学习也不迟，我才不会像方仲永一样。此后鹿凡还是像之前一样随意地对待学习，老师后来也找他谈了几次话，他还是我行我素，老师也不知道该如何教育他了。

到了初中，学业一下子紧张起来，鹿凡有些不适应这样的学习氛围。他上课想认真听课，可是因为之前懒散惯了，他发现自己的注意力很难长时间地集中，而且因为小学时他的学习态度太随意，很多知识学得不够扎实，导致他总是犯一些粗心的错误。眼看周围之前比自己成绩差的同学现在的成绩都已经慢慢地追上甚至超过了他，他心里十分着急。

因为鹿凡不再像以前那么优秀，慢慢地，他周围的夸赞声也变少了。周围的声音甚至变成了："就算再聪明的人，不努力读书也是没用的，你看鹿凡不就是最好的例子吗？"

因为被焦虑情绪和周围声音影响，鹿凡对学习产生了厌恶，他明明心里想着要好好学习，可是一拿起书本，看着上面的文字，他的心里就会十分烦躁。这样的情况越来越严重，终于，在一次考试后，鹿凡成绩滑落到了全班第四十五名。

鹿凡看着试卷上鲜红的分数，终于明白了老师那个时候对他的劝诫，流下了悔恨的泪水。

男孩成长加油站：

高尔基说："世界上最快而又最慢，最长而又最短，最平凡而又最珍贵，最易被忽视又最令人后悔的就是时间。"作为学生，学习是我们最重

要的事，要趁着青春正好，努力将自己的精力投入到学习中来，等将来学有所成，为祖国和社会做贡献。千万不要虚度光阴，荒废时光，这样只会让你一事无成。

▌关爱男孩成长课堂

男孩应该怎样对待学习

学习如逆水行舟，不进则退。小学是学习的基础期，初高中是学习的巩固期，大学是学习的升华期，这几个阶段都是非常重要的，男孩们都应该认真对待。那么在具体的学习中，男孩应该用怎样的态度对待学习呢？

首先，要以学为先。作为学生，我们最主要的任务就是认真学习，因此，我们要将"学习"这件事当成我们最重要、最紧急的事情来完成，一刻都不要放松。有时，男孩们会觉得老师讲的东西过于简单就不认真听课，殊不知，就在你开小差的这一瞬间，也许有一个你不知道的知识就这样溜走了。

其次，要主动学习，随处学习。作为学生，我们的知识储备和社会阅历都是浅薄的，因此，不仅要学习课本上的文化知识，还要学习做人做事的技巧以及你认为自己需要加强的方面。学习不是老师简单、机械地将知识灌输给学生，而是学生抱着求知欲和好奇心主动去学习知识。这样，学习才能变成一件有意义的事。

再次，要合理安排，讲究技巧。学习是一件有技巧的事，用对了方法，事半功倍，用错了方法，就会事倍功半。磨刀不误砍柴工，因此，男孩在学习之前，可以先花一点时间去系统地了解一下学习方面的技巧，合理安排自己的学习。例如课前预习，课后复习，了解记忆的原理，记笔记

的方法，这些都有利于我们更高效地学习。

最后，坚持学习，终身学习。学习不仅仅在学校和课堂，当男孩步入社会，会发现，社会也是一所学校，要学习的东西更多。因此，男孩必须树立终身学习的理念，在将来的生活和工作中努力学习、提高自己，只有这样才能让自己不断进步，取得成功。

男孩们，珍惜时间，努力学习吧，祖国的美好未来等待你们去创造！

 # 学习永远不会晚

大千世界，无奇不有，一个人能掌握的知识是有限的，但是如果因为这样的想法便安心让自己做一只井底之蛙，每天观望那一方小小的天空，那么这样的人，注定永远只能待在井底。我们只有不断地学习，不断地进步，才能不断扩大自己看到的天空。而学习这件事，永远不会晚。

三国时期，吴国有一员大将叫吕蒙，他骁勇善战，年纪轻轻就做了将领。不过因为小时候家境贫寒，吕蒙没有什么文化。孙权对吕蒙和另外一位和吕蒙情况类似的将军说："今时不同往日，如今你们都身居要职，应该多读一些有用的书籍，让自己不断进步才对。"

吕蒙听了，推托道："可是我现在在军中，事情繁多，恐怕没有时间去读书了。"

孙权说道："论事情多，难道你们能多过我吗？再说，我也没有让你们夜以继日地去研究，做五经博士，不过是希望你们多读一些书，多了解历史罢了。各类史书、兵法，我研读之后都觉得大有收益，你们不读这些，如何能够进步？孙子曾经说过：'整日空想是没有一点好处的，还不如多去学习。'东汉光武帝指挥战争的时候，仍然认真看书，手不释卷，你们怎么就不能多多学习，勉励自己？"

吕蒙听了孙权的话，很是惭愧，从此便开始认真读书。有一次，鲁肃来到了吕蒙的辖区，因为过去曾与吕蒙交往过，鲁肃认为他是个粗人，不想拜访他。鲁肃的部下劝说他道："如今的吕将军已经不是当年那个大老粗了，您应该去见见。"鲁肃听了，虽然不太相信，但还是前往拜访。酒席中，吕蒙与鲁肃谈论国事，问道："如今我们要与关羽为邻了，将军您身居要职，要如何防备他呢？"

鲁肃敷衍道："我还没有想好，到时候再说吧。"

吕蒙说道："虽然我们现在已经与蜀国结成了联盟，但是面对关羽这样的雄才，怎么能不从现在开始就做准备呢？"说完，吕蒙便向鲁肃提出了几条计谋。

鲁肃听了非常吃惊，他没想到吕蒙如今已经有了如此的才干和见解，称赞道："如今的你已经不是以前那个吴下阿蒙了。"

吕蒙回道："有志气的人，分别了一段时间，你就应该用新的眼光重新看待他了。"

这便是"士别三日，当刮目相看"的故事。吕蒙二十多岁，每日在军中处理事务，原本从来没有学习的习惯，却仍旧愿意去学习，甚至后来得到了鲁肃的认可。这个故事说明不论处在什么年纪，什么职位，学习永远是必须拥有的技能。只要你愿意学习，永远不会晚。

男孩成长加油站：

中国古代的文人大家都是十分推崇学习的，其中，著名的大教育家、大思想家孔子对学习尤其推崇。子曰："学而时习之，不亦说乎？"说的是学习得到的快乐；子曰："三人行，必有我师焉；择其善者而从之，其不善者而改之。"说的是学习的方法；子曰："知之为知之，不知为不知，是知也。"说的是学习的态度；子曰："君子食无求饱，居无求安，敏于事而慎于言，就有道而正焉，可谓好学也已。"说的是好学的境界。他口中的学习，不仅是对于知识的学习，还广义地包括一切可以学习的事物。所谓活到老，学到老，学习永远没有尽头，也永远不会晚。

关爱男孩成长课堂

课外学习的方法

课堂的时间是有限的，老师能传授的知识也是有限的，对大家最重要的是要掌握学习的方法，然后将方法用于课外学习、自主学习、终身学习等方面，让自己成为一个会学习、求进步的人。下面就为大家介绍几个课外学习的方法。

首先，与课堂学习内容相结合。课堂内容有限，所以大家要多进行与课堂内容有关的课外学习，这些课外学习针对每一门科目的特点不同，又会有不同的表现形式。例如，语文学科的课外学习以多读多看为主，可以广泛阅读中外名著或相关书籍，提高自己的阅读能力和语文素养；数学学科的课外学习则以多练为主，平时可以多给自己找一些感兴趣的奥数题来做，或者进行一些趣味数学游戏的训练；英语学科的课外学习以多读多练

为主，看外文读物，参加英语活动，多开口练习等。

其次，课外学习时间要适当。课外学习与课堂学习是相辅相成的，两者的时间要安排好，不要让课外学习过多地占用时间，甚至影响到正常的课堂学习。最好是根据自己的精力情况，给自己做一张课外学习的时间计划表，兼顾时间与兴趣。

最后，课外学习要劳逸结合。有些同学在课外学习中也给予自己很大的压力，结果不但没有获得应有的成果，还因为压力太大而对学习产生了厌弃心理，这样是得不偿失的。好的课外学习应该劳逸结合，培养兴趣，对课堂学习和个人素质提升是有帮助的。因此，在课外学习中，大家不要给自己过多的压力，要量力而行。

学习不是一朝一夕一蹴而就的事，只要有学习的意识，养成学习的习惯，假以时日，我们一定能感受到学习的好处。热爱学习，终身学习，在学习中发现乐趣，让学习促进我们更好地成长，这才是学习的意义。

 # 知识是人类进步的阶梯

学习知识可以使人变聪明，一个聪明的人学习知识可以成为具有更大智慧的人。知识改变命运，帮助人们成长，也能帮你提升他人对你的评价。坚持读书，从中获取知识对我们每个人的人生都是有益的。

古希腊哲学家泰勒斯是一个学识渊博的人，但他平时生活十分简朴。

有一天，穿着十分朴素的泰勒斯在街上被一位商人讽刺道："泰勒斯，听说您是一个知识渊博的人，但看来，知识没办法为你带来财富，只能给你带来贫穷和寒酸呀！"

泰勒斯听后，反击道："你可以攻击我的贫穷，但你不可以因为我的贫穷而这样轻视和贬低知识的作用。我会用事实来让你明白的！"

一向埋头研究学问不问世事的泰勒斯开始研究起该如何利用知识创造财富。他运用丰富的天文学和数学、农学的知识，得出了明年的气候会让橄榄大丰收的结论。于是，泰勒斯提前用很低的价格租到了许多榨橄榄油的工具。那名嘲讽泰勒斯的商人知道这个消息，还跟同伴取笑泰勒斯对生意不懂装懂，早晚要赔钱和闹笑话。

泰勒斯不管其他人怎么看，他把附近能租到的榨油工具都租到了手里。第二年，橄榄果然大丰收，许多农户和商人都急需榨橄榄油的工具。

泰勒斯趁机抬高了租金，可那些要做橄榄油生意的农户和商人依然趋之若鹜，排队挤在泰勒斯的门前不肯离去。那名曾经嘲讽过泰勒斯的商人也是其中一员。

泰勒斯看到那名被挤在人群中、样子十分狼狈的商人，走过去对他说道："你现在应该得到教训了吧？我如果想要财富，只要稍微运用一下我学到的知识就可以得到。知识是无价之宝，我希望你以后学会尊重和敬畏知识。"

男孩成长加油站：

读书的意义在于能让我们更好地认识世界，更好地营造自己的生活与精神世界。如同沈从文所说——整个世界就是一部大书。这部书是需要大

家一起来读的。而怎么读好，读懂这部广义的大书，我们先需要读好各种各样的"小书"。读书不仅让人拥有聪慧的头脑，还给人打下一个坚实的精神底子。有这样的精神底子的人，去认知和探索世界这部"大书"时，往往更从容，更胸有成竹。

关爱男孩成长课堂

读书的好处

西塞罗说："书籍是少年的食物，它使老年人快乐，也是繁荣的装饰和危难的避难所，慰人心灵。书籍在家庭成为快乐的种子，在外也不致成为障碍物，在旅行之际，还是夜间的伴侣。"读书这件事可以说是世上百利无一害的事。

首先，读书可以丰富我们的知识，开拓我们的视野。通过读书，我们可以脱离自己狭窄的生活空间，遨游在书海中，与古今中外的大师、伟人们泰然相处，了解广阔的大千世界。

其次，读书可以提高我们的综合能力。读书是一件需要思考的事，在这个过程中，我们的许多能力会得到潜移默化的提升，例如词汇能力、记忆力、逻辑思维能力、分析能力、写作水平等。

另外，读书可以帮我们树立正确的三观。在书籍中，无数优秀的人在等着我们去学习，有古代先贤，有文人墨客，有外国泰斗，他们是历史长河中闪亮耀眼的星星，是我们的榜样；还有无数失败的反面事例，能够让我们从中吸取教训，避免重蹈覆辙。

最后，读书能让人结交朋友，开阔心情。科学研究表明，阅读一本好书可以给人的内心带来平静，并且可以减少情绪失控和某些轻度的精神疾

病产生的困扰。当我们全心沉浸在一本好书之中，享受着好书带来的精神快感时，也会忘记生活中的烦恼。而读书作为一项爱好又能让我们结交到志同道合的好朋友。在与朋友交流、探讨的过程中，我们既能收获温馨的友情又能得到愉悦的体验。

 # 不要以貌取人

埃布尔在学校里是个风云人物，他不仅是学校的学生会主席，而且篮球打得很好，还会演讲。所有的老师和同学提起他，都会竖起大拇指。

令大家奇怪的是，几乎没有人见过埃布尔的爸爸妈妈，每次开家长会，埃布尔都是一个人来参加的。偶尔，老师想要家访，也被埃布尔拒绝了。于是大家都猜测埃布尔是个孤儿，慢慢地也就不在他面前提起父母这个话题了。

只有埃布尔自己知道，他不是孤儿，他的爸爸妈妈都好好地活在这个世界上，只不过，他们一个坐在轮椅上，每天只能在社区里做一些简单的工作；另外一个被烧伤了脸，丑陋的疤痕让人不敢直视，所以一年到头都很少走出家门。

这样的父母让埃布尔觉得很丢脸，他不愿意亲近他们，也不愿意被别人知道，所以从小到大，他都很少和爸爸妈妈交流。有时候他会想，有这样的爸爸妈妈，自己还不如是个孤儿呢。

这样的情形一直持续到埃布尔十三岁时的一天。那天是一年一度的消防宣传日，学校里举办了盛大的专题演讲比赛，埃布尔作为演讲达人，毫无悬念地获得了第一名。在为他颁奖时，学校里德高望重的校长走上台，手里却是空空的。

"首先，我在这里代表学校祝贺埃布尔取得的成绩。"校长站在话筒前，目光沉重而哀伤，"但是我觉得，为埃布尔颁奖的人选，有两个人比我更适合。"

台下响起一片议论声，在这个学校里，难道还有比校长先生更尊贵的人吗？而且还是两个？

埃布尔也好奇极了，他盯着校长的背影，听他继续说道："他们是一对夫妻，曾经是这座城市里最优秀的消防员。在一次重大的火灾事故中，一个为了抢救无辜的生命，被倒塌的建筑物砸断了双腿，一个为了救一个小女孩而烧毁了面容……"

校长的声音还在礼堂里回荡，埃布尔的心脏却开始狂跳起来，接下来校长说了些什么，他完全没有听清。

他忽然有一种感觉，校长口中说的那对夫妻，听起来是那样的熟悉……当雷鸣般的掌声响起时，埃布尔僵硬地转过身，果然看到了两个熟悉的身影——烧伤了脸的母亲戴着大大的口罩，推着坐在轮椅上的父亲一步步向他走来。

这一刻，任何语言都不能形容埃布尔心中的震惊和愧疚，他想起自己对父母冷漠无比的日日夜夜，想起他曾经有过的那些荒唐又羞耻的念头，他看着在他眼中曾经一无是处的父母，再看看肤浅又虚荣的自己，巨大的愧疚感让他瞬间失去了所有的理智。

"爸爸！妈妈！对不起！"

他忘记了自己是在哪里，话筒里传出他痛彻心扉的呼喊。在台下无数人震惊的目光中，在校长欣慰的眼神里，埃布尔像一个做错事的孩子一样，一边大哭，一边扑到了爸爸和妈妈面前，并且用最大的力量一把抱住了他们。

男孩成长加油站：

一个人真正的美，在于他的心灵，而不在于他的外表。每个人都会老去，心灵的美却是永恒的，能陪伴我们一生。人们有时候会以貌取人，从而犯下以偏概全的错误。所以，我们在平时和人交往的时候，一定要放下自己的偏见，通过深入的交流去判断一个人，而不是仅凭一个人的外表就做出轻率的评价。只有这样，我们才能发现别人深藏的美好，真正看到他人的优点。

关爱男孩成长课堂

以貌取人的坏处

俗话说"人不可貌相，海水不可斗量"，如果以貌取人，我们会失去许多东西。

首先，以貌取人会让人变得狭隘。单凭容貌就去决定要不要和别人交往的人，往往是狭隘的人。每个人都有优点，只是在不同的方面，如果只看容貌，不去发现他人身上的其他优点，久而久之，我们便失去了发现真善美的眼睛，变成肤浅、无知的人。

　　以貌取人会让我们对他人产生错误判断。画虎画皮难画骨，知人知面不知心。一个外表好看的人不一定是一个内心善良的人，一个外表不那么闪耀的人也不一定是一个毫无优点的人。如果单纯从长相去判断别人，我们很容易得出错误的判断，从而做出错误的选择。

　　以貌取人会让我们错失优秀的人。人际交往的准则应该是和真诚、优秀的人交朋友，而不是和长得好看的人交朋友。一个人是否优秀，需要从许多方面去判断，最重要的一点是对方是否拥有一颗善良的心。和优秀的人在一起，我们才能向他们学习，变得优秀。这个优秀是多方面的，包括个人能力、品质、素质等。如果只看人的长相，我们便会错失许多与优秀的人交往的机会。

　　因此，我们不要以貌取人，毕竟当你以貌取人的时候，别人也会以貌取你。

第七章

习惯决定男孩的一生

 # 控制自己的脾气

在一家超市里，一对爷孙十分引人注目，几乎整个超市里的人都注意到了他们。一个极其顽劣的小男孩，大概四五岁，牵着他的爷爷在超市里闲逛，什么东西都往自己怀里塞。如果爷爷说一句"这个东西我们暂时不需要，下次再买好吗"，他就会不管不顾地坐在地上号啕大哭，不管他的爷爷说什么也不愿意停止，直到爷爷让他买为止。

糖果、水果、饮料、玩具，这个小男孩什么都要，拿不了的就装进自己的口袋里。超市里的大人们都皱眉看着这个小男孩，一位女士心里想着：要是我有这么一个顽劣、不听话的孩子，我恐怕早就疯了。

让其他人没想到的是，面对这样一个闹腾、不听话的孩子，他的爷爷却一直没有发脾气，只是牵着孙子的手，用温柔的语气说道："尼克，冷静一点，好吗？前面就是超市的出口了，我们马上就可以出去了。"

在收银台排队结账的时候，小男孩左动右动，还差点撞翻了旁边隔离队伍的栏杆。终于到了他们结账的时候，爷爷刚准备将小男孩手中的东西放在收银台上，小男孩却突然恶作剧一般地将手里和口袋里的东西往地上一扔。旁边的人们觉得小男孩实在太不听话了，这样恶劣的行为，爷爷不说揍他一顿，起码应该臭骂他一顿才对。结果爷爷仍然没有发脾气，只是一样一样地捡起了被小男孩丢在地上的东西，一边捡一边说道："尼克，放松点，别这样，马上我们就可以结账回家了，再坚持一下就好了。"

好不容易结完了账，爷爷牵着孙子走出了超市。一位刚刚在超市的

女士刚好也结完账出来，看见爷爷正在往车里装刚刚买的东西，而顽劣的小男孩已经坐进了车里。刚刚的事情实在让她印象太深刻了，她忍不住走到爷爷旁边，说道："您好，我刚刚在超市里目睹了一切，觉得您的脾气实在是太好了，在面对这样烦人的孩子的情况下都能如此冷静地控制住自己，实在是让人佩服，我忍不住说一句，尼克这个孩子真是太幸福了，能有您这样一位明理又温柔的爷爷。"

这位爷爷听了女士的话，爽朗一笑说道："女士，实在感谢您的称赞，不过，我想说的是，尼克是我的名字，这个淘气又欠揍的小兔崽子叫威廉姆斯。"

男孩成长加油站：

上面的故事虽然看起来有些好笑，但是故事中的深意却不容小觑：面对别人的错误，不要发脾气，因为这不过是用别人的错误来惩罚自己罢了。发脾气是百害而无一利的，不但会让自己生气，对错误于事无补，还可能会对别人也造成伤害，从而造成人与人之间的矛盾。因此男孩要学会控制自己的脾气。

关爱男孩成长课堂

男孩要好好控制自己的脾气

我们是不是经常看见这样的场景，本来只是生活中发生的一点小摩擦，但是男孩之间互不相让，小摩擦变成大矛盾，最后甚至大打出手，造成了严重后果？这都是没能很好地控制自己的脾气的结果。坏脾气会带来许多害处，那么男孩要怎样控制自己的脾气呢？

下面有几个小方法：

第一，生气的时候倒数十秒再说话。东西不能乱吃，话也不能乱说。人生气的时候，经常会不经过大脑思考而说出一些违心的话，这些话虽然不是你的本意，但是对别人的伤害却是实实在在无法弥补的。当你意识到自己生气了，可能会说出一些难听的话的时候，先在大脑内倒数十秒钟，给自己一个缓冲的时间。十秒过后，可能你就会稍稍冷静，能够分清楚什么该说什么不该说。

第二，找一面镜子，看看自己发脾气时候的样子。不看镜子不知道，自己发脾气的时候面部竟然这么狰狞，表情竟然这么丑陋。下次再想发脾气的时候，就回想一下之前镜子里的自己，这样你便能稍微控制住自己发脾气的欲望了。

第三，清淡饮食，保持身体健康。饮食对脾气的影响也是很大的，喜欢吃香辣口味、煎炸食品的人会导致肝火比较旺盛，这样的人更容易发脾气。因此，男孩在饮食方面要注意健康饮食，少吃垃圾食品，不要经常在外面的饭店吃饭。

第四，拥有快乐心情，保持心理健康。有了愉悦的心情，男孩就不会那么容易发脾气了。那么如何让自己拥有愉悦的心情呢？我们可以做一些自己喜欢的活动来放松心情，例如旅游、看电影、听音乐等。另外，现代社会生活的节奏较快，很容易出现心理问题，男孩们如果觉得自己压力太大，甚至意识到自己已经出现了心理问题，一定要及时告诉父母和老师。要意识到，有心理问题并不是一件丢脸或者另类的事，及时寻求帮助才是最好的做法。

希望每个男孩都能控制自己的脾气，成为一个有礼且优秀的绅士。

 # 谦虚使人进步

谦虚是一种美好的品质，因为谦虚的人往往知道自己的不足之处，从而努力修正自我，而自大的人往往以为自己就是全世界，从而让自己停滞不前。

在一个名流云集、觥筹交错的作家交流宴会上，一位衣着光鲜的男士看到自己的旁边坐着一位衣着朴素、沉默寡言的女士，认为她只是一个随意被邀请来的没什么名气的作家。于是，他用一种傲慢的态度对她说道："您好，小姐，请问你也是作家吗？"

女士态度谦虚地说道："您好，先生，我是的。"

男士听了笑道："那请问我能拜读几部您的大作吗？"

女士微微弯了弯腰，说道："我的作品还称不上大作，只是随便写写的小说而已。"

男士更加认为自己的判断是正确的，他挺了挺胸，骄傲地说道："我也是一位小说作家，和你同行，到现在为止，我已经有339部作品出版了，能请问一下您的作品出版了几部吗？"

女士仍旧谦虚地说道："我到目前为止只写了一部小说。"

男士听了，眼中露出鄙夷的神情，他问道："原来你只有一部作品而已，那么你是否能告诉我这部小说的名字呢？"

女士平静地说道："《飘》。"

原来这位女士是美国著名女作家玛格丽特·米切尔，她十年磨一剑，一生只写了《飘》这一部作品，却因为这部作品举世闻名，《飘》也被称为史上最经典的爱情巨著之一。而那位嘲笑过她的，自称写了339部小说的男士，后世甚至没什么人记得他的名字。

这便是谦虚与自满的对比。

纵观古今中外的名人们，绝大部分都是谦虚受教的人。古希腊的哲学领袖苏格拉底，才华横溢，智慧超群，但是面对人们对他的称赞，他说的是："我唯一知道的就是我自己的无知。"世界著名的物理学家"力学之父"牛顿，一生建树无数，在物理学、数学等方面都有着许多成就。然而，面对自己的成功，他说："我只像一个海滨玩耍的小孩子，有时很高兴地拾着一颗光滑美丽的石子儿，真理的大海还是没有被发现。"德国著名音乐大师贝多芬，战胜厄运，百折不挠，写出了无数让人惊叹的作品，可他对自己评价却是"只学会了几个音符"。伟大的科学家爱因斯坦，提出"相对论"，发现光电效应，被公认为是牛顿之后最伟大的物理学家，他的自我评价是"真像小孩一样幼稚"。

为什么这些对社会做出了巨大贡献，被全人类称赞的伟人们仍旧能如此谦虚呢？因为他们清楚地知道，骄傲会毁灭一个人，只有谦虚，才能让人在人生的道路上一直向前，不断进步。

男孩成长加油站：

爱迪生曾经说过："谦虚不仅是一种装饰品，也是美德的护卫。"越有本事的人，越知道天外有天，人外有人的道理，因此他们不敢轻易吹嘘和夸耀自己。而越无知的人，越是像井底之蛙，看到的只有井中的一方天地，还认为这就是世界的样子。有这样一个故事，一位父亲带着儿子去

散步，两辆马车同时经过，父亲指着左边那辆马车说道："这一辆是空马车。"又指着右边那辆说道："这一辆里面装了东西。"儿子十分惊讶，问父亲怎么知道。父亲说道："因为越是空的马车，发出的声音就越大，就像肚子里越没有真才实学的人，他们越喜欢炫耀自己，越有本事的人则越谦虚。"

关爱男孩成长课堂

做谦虚的男孩

男孩普遍性格开朗外向，这是男孩的优点，不过这也容易导致男孩冲动鲁莽，甚至过分自负，不知道天高地厚。因此，男孩要记得经常审视自己，是否做到了"谦虚"二字。这样的审视可以让男孩变得更加优秀。那么，男孩应该如何正确审视自己呢？

首先，要了解真实的自我。不管多优秀的人，都会有自己的局限性，这不是缺点。面对局限性，我们要正视，而不是逃避忽略。这样我们才能更了解真实的自我，正确估计自己的水平、能力。需要注意的是，了解真实的自我并不是妄自菲薄，告诉自己"没错，我这个方面就是不行"，而是"我这个方面的努力还不够，要继续加强"。

其次，要学会赞扬。赞扬是一种很好的品质，会赞扬的人，不但可以拥有和谐的人际关系，还能通过赞扬，发现别人身上的优点，从而更好地学习他人的优点，让自己也变得更优秀。

再次，不要有"攀比"心态。攀比心态来源于你内心的软弱，一旦有了攀比心态，在你比别人强的方面你就会觉得自己是最好的，而在你比别人弱的方面，你就会产生逃避心理，认为这个方面的长短优劣不算什么。

久而久之，就会让自己变得片面、自满。

最后，虚心接受别人的意见。对于别人的意见，要有正确的认识，不要认为那是对你的批评和否定，而要把它们看成你进步的台阶。当别人对你提出意见时，一定要认真反思分析，不要认为是别人故意针对你而对他们口出恶言。

谦虚的人一定是人群中受欢迎的那一部分，他们虽然低调，但是身上优秀的光芒无法被掩盖。因此，我们一定要做谦虚的男孩，脚踏实地，奋勇前行。

创新让你比别人更优秀

穆勒说："现在一切美好的事物，无一不是创新的结果。"这句话点出了创新对我们的生活乃至对整个社会的重要性。如果没有创新，就永远也不可能有进步，更不可能有成功。创新，能让你比别人更优秀，也更容易成功。

美国的伊利诺伊州哈佛镇有一个十岁的小男孩，他利用在火车上卖爆米花来勤工俭学，为家庭减少一点负担。可是，在火车叫卖爆米花的孩子很多，其中还有一些比他年纪大动作快的，他一直在思考着，如何才能让自己的生意更好。

其他卖爆米花的男孩都是从批发商那里买来爆米花直接叫卖，他却在批发来的爆米花上加上一点点盐和奶油。因为他做了实验，这样做会使爆米花的味道更好。

结果，因为他这样一个小小的举动——虽然盐和奶油让他多付出了一点成本，但是他的生意比其他孩子都要火爆，赚的钱也更多。

有一天，因为天气恶劣，火车被迫停靠在他平时兜售爆米花的地方一整天。他看到这个情况，迅速赶制了许多三明治。在其他孩子还在兜售爆米花和其他小零食的时候，他拿着自己做的三明治去了火车上。结果可想而知，他的三明治被抢购一空——尽管比起零售店里的三明治，他的包装简陋，味道也一般。

夏季来临，他自己设计了一个小箱子。小箱子是个半球形，然后他在小箱子的旁边戳了许多小洞，洞的大小刚好能放进蛋卷，而箱子中间空的地方，他又放进了冰激凌。然后他在箱子旁边安上了可以将箱子挎在肩膀上的绳子，这样方便他自己背着箱子去火车上叫卖。这样的创新让他的产品受到了火车乘客的欢迎，生意火爆。

过了一段时间，越来越多的孩子发现了在火车上兜售零食这一商机，于是都来参与这一活动。这个男孩看到这一现象，便知道好景不长了。于是，他在赚到了一笔钱之后，便放弃了火车兜售这一事业，转而去寻找其他的商机。

果然，没多久，因为竞争激烈，火车上的生意越来越难做，而车站也因为兜售零食的小孩越来越多而采取了一系列整顿的措施，甚至没收了一些小孩兜售的产品。但是这个小男孩因为及时退出，避免了遭受损失。

男孩成长加油站：

创新不论是对个人、集体还是国家而言，都是不可或缺的能力。个人缺少创新精神，便难以进步，找到更优秀的自己；集体或者企业缺少创新精神，便会模式僵化，因循守旧，落后于其他企业；国家缺少创新，便会停滞不前，难以屹立于世界民族之林。社会是不断发展的，并且随着科学技术的进步，发展的速度越来越快，如果我们不发扬创新精神，也会越来越落后，难以跟上社会进步的速度。

关爱男孩成长课堂

如何培养创新精神

男孩们已经了解了创新的重要性，那么，在日常生活中要如何有意识地培养自己的创新精神呢？

首先，不要压抑自己的好奇心。黑格尔曾经说过："要是没有热情，世界上任何伟大事业都不会成功。"而好奇心正是热情的开始。因为一旦我们对一样东西产生好奇，则代表我们对它有了兴趣。任何被逼迫着去做事产生的效果都不会比这种自发产生兴趣去做事产生的效果要好。所以，当我们发现自己对某样东西产生了好奇心时，不要压抑，也许你会因此而产生一个创新的好点子。

其次，多培养自己的兴趣。兴趣是最好的老师，多培养兴趣，不仅能陶冶情操，丰富生活，还有可能让兴趣与兴趣之间产生碰撞，从而产生新的观点。而且，多培养兴趣还能促进个人的全面发展。

再次，要学会质疑。学会质疑并不是让你故意去抬杠或者提出无理的观点，而是要求你在对某件事有疑问时，科学合理地提出自己的不同观点，而不是一直被动地接受。试想，如果当年哥白尼没有质疑当时的宇宙观而提出"日心说"，也许人们到现在还在认为地球是宇宙的中心；如果伽利略没有质疑亚里士多德的观点，也不会有后来的成就。学会质疑，是告诉我们不要迷信权威，要独立思考，有自己的思想，坚信实践是证明真理的唯一标准。

最后，要勇敢探索。只提出观点是远远不够的，成功来自实践，创新来自探索。因此，一旦我们有了一个创新的点子，要不畏艰险，迎难而上，勇敢探索，这样才能实现创新，赢得成功。

现代社会的发展会越来越快，时代也越来越需要创新型的人才，因此，我们一定要注重个人创新精神的培养。只有这样的人才，才能适应社会，成为栋梁。

 # 善于向他人学习

古代名师孔子教育出了很多优秀弟子，殊不知，这位受众人崇拜的名师曾主动拜一位七岁的小孩为师。

有一次，孔子坐马车出门，在路上遇见几个小孩在玩筑城游戏。车驾经过时，小孩们刚好用沙土筑好完整的一座城，也因此将行车的道路阻挡了。其中几个小孩立马退让至一边，只有一个小孩并未在意，依然沉浸在游戏中。

孔子下车，笑着开口问道："孩子，我的车过来了，你怎么不知道让路呢？"

没想到，小孩抬起头来，理直气壮地回应："从来都是车要绕着城走，哪里有城让车的道理。"

孔子听后大吃一惊，觉得这小孩如此能言善辩、聪明过人，便想再考考他。孔子一连串问了四十多个问题，其中包括天文地理、生活常识、历史典故等，不料小孩一一解答出来。孔子惊叹不已，十分佩服。

小孩被问得来了兴致，因为不知道面前这位就是大名鼎鼎的孔子，

他大胆地回问了一连串的问题："你知道什么水没有鱼吗？什么火不会有烟？什么树是长不出叶子的？什么花没有枝干就能长出来？"

孔子思考良久，仍旧答不上来，只好向小孩请教。小孩十分自信地解答："井水没有鱼，萤火不会有烟，枯树当然没有叶子，雪花不需要枝干。"孔子听后恍然大悟，一面自愧不如，一面夸赞小孩智慧不凡，甚至表示愿意拜其为师。

遇上这样有才华的小孩，孔子想进一步与他交谈，便开口邀请他："我车上有棋子，不如我们来赌一把？"

小孩却拒绝道："我不赌博，天子若好赌，天下就不能太平；诸侯若好赌，就不会有心思去治理国家；官员们若好赌，就会耽误处理文书案件；农民如果好赌，将会错过耕种庄稼的好时机；做学问者若好赌，将会忘了诗书礼仪；小孩子好赌，那要挨揍。赌博本来是无聊、无用的一件事，学它干什么！"这样一番话，瞬间又让孔子自惭形秽，孔子当下便拜他为师，并表示以后都愿意向他学习，这个七岁的小孩因此声名远播，为众人崇拜。

这个小孩就是历史上出名的神童项橐。他用自身的学识和修养赢得了孔子的尊重。孔子身为一位受人景仰的名师，能及时发现别人身上的优点，虚心向只有七岁的小孩学习、请教，这也是难得的谦逊。

其实，每个人身上都有值得发掘的闪光点。生活中，我们保持一颗向他人求学、求教的心，不断完善自己，我们也将变成更好的人。

男孩成长加油站：

学习是一项应该终生坚持的习惯。每个人从出生开始，就在不断地学习，接收外界的知识和经验。从某种意义上来说，向他人学习其实也是在不断地了解他人，是增进彼此感情的有效方法。我们一边了解他人，一边正视和完善自己，时间一长，我们也将变成更优秀的人。

关爱男孩成长课堂

如何向他人学习

只要你善于发现，就算对方是三岁的小孩，你也能在他身上发现值得学习的地方，一个优秀的人一定是一个善于发现别人的优点并向别人学习的人。那么，男孩要怎么样向他人学习呢？

首先，要明确自己谦虚好学的态度。所谓"满招损，谦受益"，意思是谦虚且时时改掉自己的不足，就能得到益处，自满于已取得的成绩，将会带来损失。因为谦虚好学的人能够正确认识到自身的缺点，从而不断改正，不断进步。而骄傲自大的人会安于现状，认为自己已经足够优秀，从而停下前进的脚步。这样的态度就是龟兔赛跑中具有巨大优势的兔子输掉比赛的原因。

其次，确定自己的学习目标。因为每个人身上都拥有各自的优点，如果让你同一时间去选择，你可能会觉得眼花缭乱，不知该如何下手，这个时候就需要你自己去做出选择。你不一定非要去选择最优秀的人向他学习，反而可以选择向那些身上拥有你最欠缺的优点的人学习，这样你能更快地提高自己的综合素质与能力。

最后，多和优秀的人接触，讨教经验。俗话说："物以类聚，人以群分。"优秀的人周围围绕的也大多是优秀的人。你可以多和优秀的人接触，多发现他们身上的优点，还可以虚心向他们请教，把一些好的经验和

方法化为己用。

学无止境，所以学习是一辈子的事，只要我们养成多学习、坚持学习的习惯，我们一定会越来越优秀。

 生活习惯很重要

江小鱼早上起来得很晚，因为昨天晚上熬夜在被窝里看小说睡得太晚了。他随便洗漱了一下，背起书包就往外冲。

"江小鱼，你的早餐！"妈妈拿着面包和牛奶在后面叫他。

"来不及了，我要迟到了，我一会自己去学校买东西吃。"江小鱼只给妈妈留下了一个匆忙的背影。

到了学校的江小鱼急匆匆地跑进教室，抽屉里还有他昨天喝剩下的半瓶冰红茶，他"哗"的一下，一口灌进了肚子里。饿着肚子好不容易等到早读下课，江小鱼一个箭步冲进学校的小卖部，买了一桶方便面，狼吞虎咽起来。

中午放学，江小鱼去食堂吃饭，套餐里的肉他吃了个精光，旁边的青菜却一点也不碰。

食堂师傅语重心长地对他说："江小鱼，你现在是长身体的时候，营养要均衡，千万不能挑食，蔬菜里的维生素和纤维素是人体需要的很重要的营养元素。"

江小鱼吐了吐舌头说道："我在长身体，要多吃肉补充才行。"说完就悄悄地从食堂溜走了。

午睡时间，大家都在班里午睡，江小鱼却偷偷从教室里溜了出来，和几个朋友一起去篮球场打篮球。午休时间过去，几人打得一身都是汗，江小鱼随意地在水龙头下用冷水冲了个头，就赶去班里上课。

因为中午没有午休，下午上课的时候，江小鱼总是集中不了精神，昏昏欲睡。好不容易熬过了一个下午，江小鱼背着书包放学回家。回家的路上，路边有卖烧烤的小摊，烧烤摊的香气闻起来可香了，江小鱼垂涎欲滴，于是在回家的路上，江小鱼又吃了一顿烧烤。

因为放学吃了东西，晚饭江小鱼没吃多少，妈妈要他多吃青菜，他一筷子也没吃。晚上迅速写完了作业，江小鱼就凑到电脑前开始打游戏，一打就是两个小时，直到妈妈催他赶紧去睡觉。其间，他觉得眼睛有些痒，就用力揉了揉眼睛。

在床上躺了一会儿，江小鱼又饿了。他跟妈妈说自己想吃东西，妈妈严肃地说："睡前不要吃东西，会不消化，还会影响睡眠。明天早上早点起来吃早饭。"

江小鱼没有听妈妈的话，趁着妈妈在忙别的，偷偷到零食柜拿了好几包零食躲在自己房间吃完了。摸了摸撑到的肚子，舔了舔嘴角，他牙也不刷，直接躺在床上闭上了眼睛。

第二天一大早，江小鱼被自己的肚子疼醒。他本来以为过一会儿就好了，没想到肚子越来越疼，豆大的汗珠从他头上落下来。他没办法，只能叫醒了还在睡觉的爸爸妈妈。爸爸妈妈立刻将他带去了医院。

医院里，医生听了江小鱼昨天一天的生活，直摇头，道："身体是自己的，你这是不良的生活习惯引起的急性肠胃炎，以后可千万不能再这么吃东西了，要养成良好的生活习惯才行啊！"

听了医生的话，还在打点滴的江小鱼惭愧地低下了头。

男孩成长加油站：

青少年正是长身体的时候，养成良好的生活习惯格外重要。身体是革命的本钱，如果青少年不爱惜自己的身体，任由坏的生活习惯摧残自己的身体，又怎么能去创造属于自己的美好未来呢？

关爱男孩成长课堂

养成良好的生活习惯

好的生活习惯不仅可以让我们拥有健康的身体，还会对我们的生活产生莫大的帮助。

青少年作为社会的希望，应该保持自己的身体健康，让自己能更好地为社会做贡献。那么男孩应该注意养成哪些良好的生活习惯呢？

首先，早睡早起。睡眠是十分重要的，它会影响人的内分泌、神经功能等，睡眠不好的人，一整天学习生活都没有精神，注意力难以集中，学习效率低下，长期熬夜也会对皮肤、肝脏等产生不可逆的影响，甚至有研究表明，许多癌症也和熬夜有着密切的关系。因此，男孩一定要早睡早起，保持充足的睡眠，用最好的状态面对学习和生活。

其次，按时三餐，营养均衡。早饭是一天中最重要的一顿，千万不要觉得麻烦就省去，许多人得胃病都是从不吃早饭开始的。三餐一定要按时吃，少吃零食，因为零食中含有许多对身体有害的防腐剂和添加剂。另外，青少年需要全面、均衡的营养，因此，最好不要挑食。尤其是许多男孩喜欢吃肉，不爱吃青菜，这样会造成营养失衡，缺乏维生素。

最后，注意个人卫生。良好的卫生习惯也是非常重要的，男孩要勤洗头洗澡，勤换衣，睡前刷牙，保持良好的个人卫生习惯。注意个人卫生不仅可以避免许多疾病，还可以在社交中给别人留下良好的印象。试想一下，如果对方是一个衣服脏兮兮，头发乱糟糟，指甲缝里黑乎乎的人，你会愿意和他成为朋友吗？

除此之外，男孩最好还能多参加体育运动，提高自己的身体素质，增强自己的抵抗能力。现代社会，健康已经变成一个十分受人重视的话题。希望每个男孩都能健康成长，拥有强健的身体，去追求自己的美好未来！

 # 养成独立自主的习惯

清代有一个著名的画家叫郑板桥。郑板桥有一个女儿，从小跟着父亲学习绘画，得到了父亲的真传。等女儿到了嫁人的年纪，媒婆们纷纷上门，介绍了很多有钱的人家供郑板桥挑选，但是，郑板桥挥挥手，一家都没选。

家人们感觉很奇怪，就问郑板桥："那些人家不好吗？听起来他们的情况还不错。"郑板桥摇摇头回答："他们有的是他们的，我想给女儿找的不是这样的人家。"

过了一段时间，郑板桥为女儿介绍了自己一位书画好友的后代，并且坚持婚事从简。

两家人简单吃了一顿饭，女儿临走的时候，郑板桥掏出了一幅字画交给她，对她说："这幅画和我教给你的画画技艺就是你的嫁妆。"

女儿接过画，拜谢了父亲。之后，她靠自己的双手，成了当时有名的女画家。

除了女儿，郑板桥对自己的儿子也很严格。儿子名叫小宝，郑板桥因为要去外地做官，把小宝留在了老家，交给自己的弟弟教育。

有一次，弟弟给他来信说，小宝在家里学会了向别人炫耀："我的爹爹是大官！"还总是欺负仆人的子女。郑板桥很生气，他在回信中说他五十二岁才有了这个孩子，平日非常宠爱，但是也不能溺爱孩子，要对孩子加以管教。

弟弟接到他的信后，对小宝开始严格要求，纠正了小宝的很多错误的做法。等到小宝六岁的时候，郑板桥把小宝接到了身边。每天，他在给小宝布置学习任务的同时，还要求小宝做一些力所能及的事情。从自己穿衣到自己洗碗，小宝需要做的事情渐渐增加，到他十二岁那年，郑板桥开始要求他每天用小桶挑水，无论酷暑严寒从不间断，培养了小宝吃苦耐劳的性格和坚强的毅力。

在郑板桥的教育下，小宝长成了一个男子汉，并且承担起了家里的重担。但是郑板桥依然不放心，在他临终的时候，他把小宝叫到床前，对小宝说："我就要走了，在走之前，想要吃到你亲手做的馒头。"

小宝答应了父亲的要求，但是他从来没有做过馒头，只好去请教家里的厨师。费了九牛二虎之力，小宝终于做出了几个馒头端到父亲面前。没想到，郑板桥根本没有吃，他只是抬起头看了看那几个馒头，留下一句："这我就放心了。"便与世长辞了。

小宝终于明白，原来父亲只是想要在临终前看到他能够独立地生活。一瞬间，他哭倒在了父亲的床前。

男孩成长加油站：

小时候，父母是为我们遮风挡雨的大树，但是我们总要走出树下，去独自面对纷乱复杂的世界。人生的道路上，我们会遇到许多伙伴，但是也没有谁可以陪伴我们一辈子，每个人的人生道路，都需要自己独立、勇敢地走下去。所以独立自主是一个人不可或缺的品格，一种优良的生活习惯。只有独立自主，才能创造属于自己的精彩人生。

关爱男孩成长课堂

如何养成独立自主的习惯？

男孩从小养成独立自主的好习惯，才能更好地面对生活的困难和挫折，才能更好地迎接人生的风雨和挑战。那么男孩如何培养自己独立自主的习惯呢？

首先，要培养自己的自信心。自信对独立自主来说是最重要的基石，自信的人遇到事情会有自己的选择与判断。一个自信的人，遇到困难不会轻易说"不"，而是相信自己能行，拥有独立解决事情的勇气。

其次，遇到问题学会自己找到解决办法。"自己的事情自己做"是从小老师就教导我们的道理。不麻烦别人，也是一种品德。男孩在遇到问题的时候，不要总是寻求父母、老师或者朋友的帮助，而是思考如果只有自己一个人，应该如何解决这件事。面对问题，沉着分析，冷静对待，然后做出果断的处理。一旦养成了这样的习惯，男孩自然会成为一个独立自主的小小男子汉。当然，如果遇到的困难危及人身安全，还是不能逞强，而是要冷静思考对策，该向人求援的时候要及时求援。

最后，要积极承担责任，为家长分忧。男孩也是家庭的一员，也需要承担一定的家庭责任。所以，男孩在空闲之余，要主动承担家庭责任，比如做一些自己力所能及的家务活。洗一次碗，浇一次花，扫一次地，这些对于男孩们来说都不是难事，既可以培养自己的独立能力，又可以减轻父母的负担，一举两得，何乐而不为呢？

 # 习惯决定男孩的一生

欧阳和是家里的独生子，因此非常受宠爱，在家里简直是一个被宠坏的"小皇帝"。

小时候，欧阳和同父母去舅舅家玩，调皮的欧阳和弄坏了舅舅家一位小表姐的东西。小表姐有些不开心，说了欧阳和几句，让欧阳和给他道歉，欧阳和立刻坐在地上大哭起来。

欧阳和的父母听到他的哭声立刻进房间查看，弄清楚事情的原委后，欧阳和的父母不仅没有骂他，反而替他开脱道："弟弟不懂事，弄坏了你的东西是不小心的，你不要这么凶地怪弟弟，他还小呢。"欧阳和听了妈妈的话，在一旁朝着小表姐做鬼脸，气得小表姐再也不理他了。

小学的时候，欧阳和在学校跟同学发生矛盾打架了，他妈妈迅速赶到了学校，进老师办公室的第一句话就是："老师，到底是谁欺负我们家欧阳和了？"

老师无奈地说道："没有欺负，只是他们俩之间发生了一点小矛盾，欧阳和先动手打了同学，老师希望他道歉，但是他怎么也不肯道歉，所以我只能叫家长来了。"

欧阳和的妈妈听了舒了一口气，对老师说道："孩子还小，不懂事，不小心打了同学，这不是也没出什么大事吗？我家欧阳和就是脾气不太好，性格倔强，其实心眼很好的，又聪明，我代替他跟同学道个歉吧。"

老师严肃地说道："我是希望欧阳和同学自己道歉的，因为这件事是

他做错了，做错了事情就应该道歉，要认识到自己的错误。现在犯的还只是小错误，小错误不改，长大要是犯了大错怎么办？"

欧阳和的妈妈不开心地说道："老师，哪有你说得这么严重。我们家欧阳和是个好孩子，家里人都夸他懂事的。他只是有时候会耍点小性子而已。既然你都这样说了，那我就让他去道个歉吧。"

欧阳和妈妈说完，找到欧阳和，让他跟同学道个歉。

"我不去，我才不道歉呢。道歉多丢脸。"欧阳和发脾气道。

"好孩子，你去道个歉，你今天要什么，妈妈都答应你。"欧阳和的妈妈哄他道。

"那我要三个变形金刚的机器人，还要去吃肯德基。"欧阳和想了想说道。

"行。妈妈答应你。你快去道个歉。"欧阳和的妈妈点头道。于是，欧阳和不情不愿地去跟同学道了个歉。

后来类似的事情还发生了许多，但是家里人总说："欧阳和还小，不懂事，等他长大了就不会犯这样的错误了，他其实是个好孩子。"

时间一天天地过去，后来欧阳和慢慢长大了，养成了越来越多的坏习惯，甚至还进了几次少管所。

最后，欧阳和走上了违法犯罪的道路。他从家里被警察抓走的那天，家里人还不敢相信地说："不可能的，我们家欧阳和是个好孩子，他绝对不会做这些事的，他只是有些不好的小毛病而已。"

然而，已经晚了。

男孩成长加油站:

习惯是会伴随并且影响每个人的一生的。好的习惯可以起到积极的作用,坏的习惯则会起到消极的作用。不要把坏习惯当成小事,有时,正是一些不起眼的坏习惯影响了我们的未来。就像"小时偷针,大时偷金"的故事一样,如果不对小时候的坏习惯引起重视,没有及时改正,迟早有一天,我们会自食坏习惯的恶果。

关爱男孩成长课堂

男孩不要被这些坏习惯影响一生

当习惯扎根于你的身体或者脑海,它可能成为你面对事情时的下意识反应,因此,我们要努力让自己养成好习惯,改掉坏习惯。下面就让我们来看看男孩在日常生活中最容易出现的坏习惯吧,自我检查一下,如果你也有这些坏习惯,请一定记得要及时改正哦!

第一,拖延症。男孩是不是经常会有下面的体验:暑假疯玩,到了最后几天疯狂地赶作业;做事的口头禅是"我等一会儿再做";原本只需要三天完成的计划,总是会拖到最后一天。这些也许只是生活中的小事,但都是拖延症的表现。一旦养成了拖延的习惯,做事的效率就会大大降低。

第二,懒得改变。安于现状就像是温水煮青蛙,当你再感受到自己必须做出改变的时候,你可能已经无法跳出"锅"了。当你发现自己有需要改变的地方,或者有不太好的习惯时,一定要及时、努力地去改变它。

第三,斤斤计较。男孩要大气,胸怀广阔,不要总是在一些鸡毛蒜皮的小事上斤斤计较,这样只会让自己变得狭隘。另外斤斤计较还会给别人

留下不好的印象，影响自己的社交关系。

第四，缺少恒心。学习切忌三天打鱼两天晒网，真正的男人要有坚强的意志和坚持到底的毅力，只有这样，你才能早日取得成功。

第五，传播负能量。一个总是传播负能量的人是会被朋友疏远的。伤心可以跟朋友倾诉，但是不要无休止地传播负能量，要知道，朋友可能会被你的负能量吓跑。另外，总是传播负能量的人会让周围的人感到压抑和不适。

奥古斯丁说过："习惯不加以抑制，不久它就会变成你生活上的必需品了。"坏习惯并不可怕，可怕的是意识到了自己的坏习惯却觉得这只是一件小事，不及时改正，从而让坏习惯发展成为恶劣甚至违法的行为，悔之晚矣。

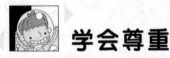

学会尊重

有一次，温莎公爵代表英国皇室宴请到英国访问的客人，在宴席即将开始的时候，侍者们用精美的器皿端上了洗手的清水，大家正要将手放进清水里的时候，意外的一幕出现了。

原来，客人们中间有一位来自印度的部族头领，他并不了解英国的礼节，以为端上来的清水是用来喝的，于是毫不犹豫地将清水一饮而尽。就在这一瞬间，整个宴会厅里变得鸦雀无声，大家都面面相觑，很多人都有想笑的冲动，却又怕自己在重要的场合失礼，因此憋得十分难受。

但是，让所有人没想到的是，作为宴会主人的温莎公爵在看到这一幕后，就像什么都没有发生过一样，若无其事地转移了手的方向，然后端起清水，学着印度部族头领的样子一饮而尽。

温莎公爵的做法，让那些自诩"贵族"的人惭愧不已，

他们暗暗佩服温莎公爵的良好修养，收起了脸上嘲讽的笑意，一个个都端起清水喝掉了。之后，整个宴会大家相谈甚欢，那个印度首领一直到回国，都不知道自己曾经受到了怎样的尊重。

瑞典的前环境大臣莱娜·埃克也是一位懂得尊重别人，有着良好修养的人。有一年，瑞典政府举行一场以环境为主题的晚宴，邀请行业内的专家和官员出席。住在首都郊外的临床医学家玛格丽特·温贝里收到了邮局寄来的请帖，但她感觉非常奇怪，因为她只是一个退休的医学家，怎么会被邀请参加关于环境的晚宴呢？她有心想要问清楚，但是距离晚宴的时间已经非常近了，她在几经思考之后，确认请帖上的确是自己的名字，于是决定去参加晚宴。

温贝里为晚宴做了很多准备，她精心整理了发型，拿出了自己珍藏的套装，打扮得非常庄重。而等她到达晚宴门口的时候，却再一次退缩了。因为远远地，她看到了很多只有在电视上才看到过的官员，还有很多环境方面的专家，对比自己的身份，她再次怀疑自己走错了地方。

但是，就在这时，晚宴的组织者，瑞典的环境大臣莱娜·埃克发现了她，在两人目光交汇的一瞬间，温贝里露出惊喜的笑容，因为她们曾经在别的场合见过面，而埃克也很快露出热情的笑意，走过来握住温贝里的手，真诚地说道："欢迎你，温贝里太太。"说完，埃克亲自带着温贝里来到宴会现场，并且介绍了很多人给她认识，渐渐地，温贝里忘记了自己之前的顾虑，沉浸在了宴会的气氛中。到了用餐的时候，埃克还让温贝里

坐在了自己身边，整个用餐过程对她非常照顾，让她度过了非常开心的一个夜晚。

第二天，瑞典的报纸用很大的篇幅报道了这场晚宴，题目是"政府宴请送错请柬，平民赴约受到款待"。直到此时，温贝里才明白，原来埃克本来要邀请的是前任农业部大臣玛格丽特·温贝里，但是由于工作人员的疏忽，请帖被误送到了她的手中，对此，埃克在后来接受采访时说："不管她是谁，只要来参加宴会，就应该受到尊重和礼遇。"

看到这样的话，玛格丽特·温贝里对宴会当日埃克不动声色的尊重感动不已，并且决定将这段珍贵的记忆珍藏一生。

男孩成长加油站：

学会尊重是人际交往的重要前提。不管是在亲情、友情，还是爱情中，懂得尊重、体谅他人，才能将彼此的关系变得越来越好。与人相处，"尊重"二字尤为珍贵，让我们从小事做起，从身边一点一滴做起。

关爱男孩成长课堂

男孩如何学会尊重别人

理查德·斯蒂尔曾经说过："对一个有优越才能的人来说，懂得平等待人，是最伟大、最正直的品质。"尊重他人是一种美好的品格，那么在男孩的日常生活中，如何体现对他人的尊重呢？

首先，要明确"每一个人都是平等的"这一条人际交往准则。全世界的人类，有国籍、肤色、种族、职业、性别等方面的差异，但是在人格方面，每一个人都是平等的，拥有同样的权利。男孩要学会尊重与你交往的每一个人，平等地对待每一个交往对象。

其次，要从礼仪上尊重别人。这个礼仪包括许多方面，例如与长辈见面时穿着干净、打扮得体，不要蓬头垢面，这样既是对自己形象的注意，也是对别人的尊重。与他人交谈时，使用礼貌用语，不要说不尊重的话，也不要做"跷二郎腿"或者"抖腿"等动作。答应了别人的事，要做到，不要错过约定的时间，这既是个人品质的体现，也是尊重他人的体现。

最后，懂得倾听。倾听也是对他人的一种尊重。每个人都有倾诉与表达的欲望，但是男孩要记得，当朋友开口说话，而你又有想要表达的东西时，你要做的是安静地认真倾听，而不是随便地打断别人，发表自己的看法。老师讲课时你有问题，不要直接说出，举手示意或者等老师说完再发表自己的意见。

尊重是相互的，想要得到别人的尊重，我们就要学会尊重他人，这样才能收获和谐、融洽的人际关系。

第八章

男孩要学会感恩

 ## 感恩让生活更美好

寒冷的冬夜，风雪交加，阿诺德的车子抛锚在了得克萨斯州郊外的一条公路上。阿诺德拨通了交通部门的电话，却被告知，因为大雪，救援人员可能要明天早晨才能出发。

此刻天寒地冻，公路上一个人也没有。阿诺德没有带食物，他只能又冷又饿地坐在已经熄火了的汽车里，等待天亮之后的救援。他在心里祈祷着能有一位好心的人路过这里，虽然他自己也知道这种可能微乎其微。

突然，他的车窗被敲响了。阿诺德吓了一跳，他迅速打开车窗，看到一个戴着巨大毡帽穿着厚厚的羽绒服的人站在他的车旁边，而那个人的身后，正停着另一辆车。

"你的车子出了什么问题吗？需要帮忙吗？"陌生人的这句话点燃了阿诺德内心的希望。

"是的，我的车子抛锚了，救援人员说要明天早上才能赶到，我现在又冷又饿，你能带我去最近的小镇上吗？"阿诺德急切地说道。

陌生人点了点头，他不但载上了阿诺德，还将阿诺德的车绑在自己的车后，拖到了镇上。

到了镇上温暖的汽车旅馆，阿诺德十分感激这位萍水相逢却对他伸出援手的陌生人。他从自己的钱包里抽出一叠美金，递给陌生人，感激地说道："今天真是太谢谢您了，如果不是您，我可能真的会冻死在马路上，请您一定要收下我的谢意。"

陌生人摇了摇头，拒绝了阿诺德，说道："我不需要什么回报，我只需要你答应我一件事。如果你以后遇到有困难的人，希望你能想起我今天对你的帮助，并带着这颗感恩的心去帮助他们。"

阿诺德记下了陌生人的话。之后的日子里，他遇到了无数有困难的人，他都会在自己力所能及的范围内主动伸出援手，给予他们帮助。

每次帮助完别人，别人感谢他时，他也只是将那个冬夜听到的那句话转述给他们。

就这样过了许多年，有一回，阿诺德所在的地区下了暴雨，暴雨引发的洪灾将阿诺德困在了某个楼顶。就在阿诺德以为自己要被洪水冲走时，一位勇敢的少年出现了。他救了阿诺德，将他带到了安全的地方。

阿诺德十分感谢少年，少年笑着说出了那句阿诺德曾经说过许多次的话："如果你以后遇到有困难的人，希望你能想起我今天对你的帮助，并带着这颗感恩的心去帮助他们。"

阿诺德这时才发现，原来自己用感恩与爱串起了一根链条，将世界上的无数人连在了一起，最后，感恩和爱又将温暖传回了自己的身上，就像一个循环。如果那个冬夜，他只是将那个陌生人的话当成耳旁风，听完就忘了，那么今天，他也许就被洪水吞噬了吧。今天，拯救他的不仅是那位少年，也是他那颗感恩的心。

男孩成长加油站：

如果人人都献出一点爱，世界将变成美好的人间。如果每个人都怀着一颗感恩的心，生活将变得更加美好。故事中的阿诺德带着感恩的心，不仅温暖了他人，最终也温暖了自己。当你对世界常怀感恩之心的时候，你会发现，周围的一切也都充满爱，这也是世界对你的回报。所以，学会感恩，爱就会围绕在你身边。

关爱男孩成长课堂

男孩要学会感恩

感恩，是一个世界性的话题。美国每年11月的第四个星期四是感恩节。因为当年英国一些不堪宗教压迫的清教徒经过长途跋涉在冬天到达美洲时，得到了当地土著印第安人的热情帮助，印第安人不仅给他们送来了许多食物，还教他们生存的技巧。为了感谢这些印第安人，林肯总统便将这一天设立为感恩节。中国有"滴水之恩，涌泉相报"，有"结草衔环"，有"羊羔跪乳，乌鸦反哺"。现在许多青少年因为家庭的娇惯养成了以自我为中心的坏习惯，凡事只考虑自己，不考虑他人，这也是一种没有感恩之心的表现。青少年如果想改掉这个坏习惯，就要学会感恩。

首先，要感恩父母。许多青少年在家里是"小皇帝"，在外面是"小霸王"，经常跟父母顶嘴。要知道母亲怀胎十月辛苦将我们生下，父亲兢兢业业认真工作养家，这些不应该变成我们眼里理所当然的事，因此我们要对父母感恩。

其次，要感恩帮助你的人。日常生活中，我们经常会遇到困难。战胜困难之后，许多人会忽略了细微处别人给予你的帮助。例如朋友的鼓励，父母的陪伴，老师的指点等，而正是这些你不以为然的帮助，却给予了你战胜困难至关重要的推力。一个人的力量是渺小的，当你接受别人的帮助时，一定要及时感恩。

最后，要感恩生活。生活不可能处处按照我们的想象发展，也会有苦

188

难和折磨。许多男孩在生活中遇到不满意的事情就会大发脾气，这样的做法除了会让自己生气外没有什么别的作用。不一样的际遇会给人不一样的感受，它们都是生活的组成部分，也会让我们有不一样的人生体验，因此我们要感恩生活，正因为生活酸甜苦辣都有，我们的人生才丰富多彩。

 ## 感谢对手

谭成一放学便怒气冲冲地回到了家里，将自己关进了房间，连妈妈叫他吃晚饭也不愿意出来。爸爸妈妈商量后，决定由爸爸出马，问问他到底发生了什么事。

爸爸来到他的房间，看见谭成一脸怒气地坐在自己的写字桌前，桌上还摆着一张打了99分的数学试卷。爸爸走到他身边，说道："怎么了？"

"爸爸，我的第一名被抢了。刘明是上个学期来到我们班的转学生，他到了班上之后，数学成绩就一直紧紧地追在我后面。以前每次数学考试我都是轻轻松松拿第一名的，他来了之后，我每次必须特别努力，才能保证自己第一名的位置不被抢。上次考试他跟我并列第一，这次，我因为一时马虎，只考了99分，变成了第二名。爸爸，我讨厌死他了。"谭成生气地踢了踢桌子。

爸爸听了谭成的话，摸了摸他的脑袋，笑眯眯地说道："小成，你有没有发现你最近在数学方面进步得特别快？"

谭成听了爸爸的问题，歪着脑袋回忆了一会儿，点头说道："是进步得很快。老师说我现在解题的思路比以前宽很多，解题速度也比以前快。而且我以前最大的问题就是马虎，最近这个毛病改了很多，错误率降低了不少。"

爸爸又问道："你做题马虎这个问题从小学开始就有，老师和爸爸说过你很多次，但是效果也不大，怎么突然这一段时间就改了这么多，你有没有想过原因是什么呢？"

谭成撇了撇嘴："还不是因为刘明。因为我担心他数学成绩超过我，所以我每次上课都比以前认真了不少，而且课后还自己找了一些奥数题做，因为做了许多类型的题，有了经验，所以解题思路和解题速度都有进步。另外我知道自己最大的问题是马虎，以前每次考试从不检查，他来了之后，我每次考试都会检查试卷，有些题甚至要检验两遍，所以错误率也低了很多。"

爸爸笑道："那你为什么还要讨厌刘明？你现在进步这么大，一大半都是他的功劳啊。"

谭成疑惑道："可他是我的对手啊，难道我还要感谢他吗？"

"孩子，如果没有对手，一个人就会安于现状，懒散度日。而一旦有了对手，你就会产生危机感，这样的危机感会成为鼓励你前进的动力。一个优秀的对手，能让你斗志昂扬，迅速进步。你想想，要是没有刘明，你怎么会有这么大的改变呢？所以，你不但不应该讨厌刘明，还应该感谢他。"爸爸拍拍他的肩膀说道。

谭成茅塞顿开，他点点头道："我明白了，爸爸，他之前要和我做朋友，我还恶狠狠地拒绝了，我明天就去找他道歉，然后跟他说，以后要和他一起竞争，一起进步！"

男孩成长加油站：

唐太宗曾说："以铜为镜，可以正衣冠；以史为镜，可以知兴替；以人为镜，可以明得失。"好的对手，对我们来说就是一面清晰的镜子，可以让我们看到自己身上的不足。人没有对手，就会安于享乐，不思进取；国家没有对手，就会故步自封，停滞不前。对手是我们前进的方向，是我们进步的动力。

关爱男孩成长课堂

男孩应该用怎样的态度面对对手

有这样一个故事，有个地方的人很喜欢森林里的鹿，但是鹿一直因为它们的天敌狼的存在而保持在某个固定的数量上。人们为了保护鹿，便组织了猎人，捕杀森林里的狼。后来，森林里的狼没有了，鹿的数量大大增加，人们十分高兴。而令人惊讶的是，不到三年的时间，鹿却最终因为大量繁殖、缺少食物以及疾病传染等问题而灭绝了。原来狼的存在虽然遏制了鹿大量繁殖，却能让鹿优胜劣汰，维持鹿的种族中的生态平衡。从这个故事我们可以看出来，对手的存在不一定是一件坏事。生活中男孩总是比女孩更容易产生竞争意识，也就会更广泛地存在"对手"的问题，那么男孩要如何面对对手呢？

首先，要为自己寻找对手。没有对手的人是难以进步的，没有对手的人生是了无生趣的。我们想要进步，就要给自己寻找对手。对手能激起我们内心的斗志，让我们保持一颗不断进取的心。

其次，要有一颗平常心。天外有天，人外有人，尤其是当对手比你优秀时，不要失望放弃，也不要心怀妒忌。要将对手当成自己进步的方向，对手的优点，你要努力学习，对手的缺点，你要时常自省。

最后，感谢对手。对手的存在会让人感觉到压力，这样的压力会将人拖出舒适区，让人觉得不舒服。但是，也正是这样的压力，让你有了奋起直追的想法和努力超越的动力。因此，面对对手，我们要有一颗感恩的心。只有这样，我们才能在和对手的良性竞争中不断进步。

 # 苦难是最好的大学

有一个刚考上理想大学的男孩，在开学前不小心遭遇了车祸。车祸让他失去了两条腿，也让他从此失去了对生活的期盼。为了让他转移注意力，父母将他送到乡下的姑姑家去散散心，希望他重新振作起来。男孩到了乡下，心情却一点也没有好起来，每天就是吃饭、睡觉和自己摇着轮椅在姑姑家的院子里逛。

有一天，姑姑一家人都下地干活了，男孩一个人摇着轮椅出了他从未出去过的院子。沿着小路行了几十米，他看到了两棵样子怪异的树。这两棵树相距五六米远，中间连着一根长长的铁丝，让人惊讶的是，铁丝的两端几乎已经嵌进了树干里，两棵树的树干被勒得中间细两边粗，但是这两棵树看起来丝毫没有受到干扰，仍旧顽强地向上生长着。

男孩觉得十分奇怪，停在那里观察了许久。这时，邻居路过，看到他

似乎对这两棵树好奇，便主动跟他说起了这两棵树的来历。

原来，这两棵树在七八年前还是两棵小树，当时，为了晒衣服，他便在两棵树中间拉了一根铁丝。因为铁丝把树干紧紧缠住的缘故，被铁丝圈住部分的树干不能再长大，到了冬天，这两棵树都奄奄一息了。

所有人都以为这两棵树活不了了，第二年的春天，树干竟然发出了枝芽，而且虽然被铁丝缠绕的部分无法再长大，但是其他没有缠绕的地方却不断生长，看起来，就像是将铁丝吃进了树干里，最终长成了现在这个样子。虽然它们的样子看起来很奇怪，但是我们这里的人都被它们的精神感动，很喜欢它们。

男孩听了邻居的介绍，十分唏嘘。这个世界上，连两棵小小的树在遭遇不幸的时候都能克服苦难顽强生长，为什么他不可以呢？作为一个活生生的人，如果因为生活的一点苦恼就随意放弃，那岂不是连树都比不上？想到这里，男孩觉得十分羞愧，他坐在轮椅上，深深地朝两棵树鞠了一躬，然后摇着轮椅回家了。

没几天，他便打电话让父母接他回了城里，收拾自己的行囊准备去大学开始自己的新生活。他想，他也会像这两棵树一样，努力去面对人生的风雨。

男孩成长加油站：

人生就是成功和失败的组合，没有一个人的人生只有成功。成功固然是每个人都向往的，但失败和苦难也是人生的常客，因此我们在遭遇失败和苦难时要有正确的态度。高尔基曾经说过："苦难是一所最好的大学。"因为在这所"大学"之中，我们学会了坚强，学会了勇敢，学会了乐观，更学会了幸福。因此，面对苦难，不要害怕，更不要放弃，当你怀着感恩之心去面对苦难，便会发现苦难也会回馈你意想不到的财富。

关爱男孩成长课堂

男孩如何面对苦难

著名作家史铁生，坎坷一生，疾病摧毁了他的身体，却没有摧毁他的意志。因为苦难，他领悟了人生的真谛，成了家喻户晓的作家。著名舞蹈演员邰丽华，从小失聪，苦难剥夺了她听见世界的权利，却没有剥夺她乐观向上的能力。也正因为苦难，她创造了全国闻名的《千手观音》。古语有云："故天将降大任于斯人也，必先苦其心志，劳其筋骨，饿其体肤，空乏其身，行拂乱其所为，所以动心忍性，曾益其所不能。"因此，男孩面对苦难，要有正确的态度。

首先，不要抗拒苦难。如果一个人一听到苦难就闻风丧胆，避之不及，那么他永远也不可能成功。因为没有苦难的磨砺，人永远无法看见成功的影子。因此，面对苦难，不要抗拒，直面才是硬道理。真的勇士，敢于面对惨淡的人生！

其次，不要埋怨苦难。解决事情的办法很多，埋怨却是最没有用的一种。因为埋怨会浪费我们的时间，消耗我们的斗志，摧残我们的精神，让我们整天只会唉声叹气、怨天尤人。因此，面对苦难，不要埋怨，而应该把它当成人生的老师、成功的考验。如果没有苦难，我们可能永远无法体会奋斗精神的宝贵和成功的来之不易。

最后，要明白，战胜苦难才是生活的强者。世界上没有不可战胜的苦难，只有不够坚强的人。英国首相丘吉尔有一次在一个宴会上遇到了一位十分有钱的汽车商人，跟他聊天后才得知，他有着一段十分坎坷的童年。丘吉尔惊讶地问："为什么以前从来没有听你说起过呢？"汽车商人回答道："当你战胜苦难时，苦难才会变成一笔财富。如果你没有战胜苦难便找人到处诉说，只会被人看成是寻求怜悯的乞讨行为。"

　　苦难并不可怕，男孩们应该相信，只要拥有一颗敢于面对的心和努力战胜的勇气和毅力，就一定能够成为成功的勇士，人生的赢家。

 ## 要做懂得感恩的人

　　齐小瑞的爸爸是冰激凌店的店长，每个月都会给齐小瑞一叠免费的冰激凌券，还告诉齐小瑞，要跟朋友们分享。齐小瑞听了爸爸的话，就在班级的QQ群里给大家发消息，告诉大家，自己手上有免费的冰激凌券，大家如果想要可以来找他。

　　第二天，同班同学贺小军找到齐小瑞，问他能不能给自己几张冰激凌券。齐小瑞问他："你要几张？"

　　"你有多少就给多少吧。"贺小军满不在乎地说道。

　　齐小瑞虽然心里有些不舒服，但还是把爸爸给他的二十张免费券全拿了出来，给了贺小军。

　　贺小军拿了冰激凌券，眼睛都亮了，羡慕地说道："有个在冰激凌店工作的爸爸真好。"

第二个月，齐小瑞又从爸爸那里拿了免费券。结果还没等他在QQ群里发消息，贺小军就跑了过来，问齐小瑞是不是又有免费券了。

齐小瑞给了他三张免费券，说道："这次就给你三张吧，上次你都拿走了，别的同学问我要，都没有了，这次也给其他同学一些机会吧。"

听了齐小瑞的话，贺小军撇了撇嘴："不就是几张冰激凌券吗？要送人还限张数，以为谁稀罕吗？"说完，贺小军就走了。

不久之后，好几个齐小瑞不认识的外班同学都来找他，问他这里是不是有冰激凌免费券要送人。齐小瑞觉得奇怪，但是又只能将自己的券送给来问他要的人。

放学的时候，齐小瑞走在路上，看到今天那几个来问他要券的外班的同学开心地和贺小军走在一起，其中一个人还大声说道："贺小军，多亏了你，我们才能拿到这个免费券，真是太感谢你了。"

贺小军神气地一挥手，说道："没事，反正齐小瑞的券多嘛，他自己又用不完，当然应该送给别人喽。"

齐小瑞听了，生气地回了家。

第三个月，齐小瑞又拿了免费券。这回，他没等贺小军来要，就把券分给了平时在班上玩得很好的同学。贺小军来找他要免费券时，得知券已经没了，贺小军生气地说道："你怎么这么小气，免费券都不给我留几张，我们还是同班同学，你这个人，太不讲同学感情了吧。"

齐小瑞终于忍不住了，他大声说道："我刚刚把免费券给别人，别人都会对我说谢谢，我给了你那么多次，你一次谢谢也没有说过，虽然券是免费的，但是我并不是非要给你。"这次之后，齐小瑞便不再跟贺小军一起玩了。

男孩成长加油站：

一个不懂感恩的人，通常只会向别人索取，而不懂得回报。他们眼中只有自己，从来不会考虑别人的感受。就像故事中的贺小军一样，拿了齐小瑞的免费券，不但不感激，却还一次次因为对方给他的数量少或者没有给他而抱怨，最终失去了齐小瑞这个朋友。如果贺小军没有认识到自己的错误，而是一直以这种心态对待他人，他永远也不可能交到真正的朋友。因为他永远只在乎自己的利益，不会对别人心存感恩。

关爱男孩成长课堂

男孩要做懂得感恩的人

大部分男孩的性格都是大大咧咧的，在生活中可能会觉得感恩这件事难以开口，或者认为感恩不过是一件小事，不用常常挂在嘴边。这样的想法其实是不对的。

懂得感恩的人，才能懂得世界的美好。他们会感恩花草的美丽，会感恩阳光的温暖，会感恩雨水的美妙，会感恩雪花的晶莹。他们透过感恩之心看待世界，一切都是美好的。而不懂感恩的人，总会用挑剔的目光打量自己身处的世界。他们会嫌弃花草挡路，会认为阳光刺眼，会觉得雨水碍事，会讨厌雪花寒冷。没有感恩之心，他们眼里看到的都是事物的缺点。

懂得感恩的人，才会珍惜幸福的味道。幸福是什么，一千个人有一千种回答，但是毫无疑问，能够感受到幸福的人，都是懂得感恩的人。不懂感恩的人，他们即使生活在幸福之中也常常不自知，还认为自己被生活亏待了。幸福是需要珍惜的，身处幸福而不懂感恩，久而久之，幸福也会从他们身边溜走。

懂得感恩的人，才能发掘人生更大的价值。人生的价值即人生的意义，人生最大的意义就是我们能通过自己的努力成功实现自己的理想。懂得感恩的人会感恩理想，理想让我们有前进的方向；懂得感恩的人会感恩努力，努力让理想有实现的可能；懂得感恩的人会感恩成功，成功让努力没有白费。

做一个懂得感恩的男孩吧，这样你会发现生活将变得异彩纷呈。

帮助别人就是帮助自己

比特勒是一家银行的秘书，他最近正在为一件事焦头烂额。上个星期，上司交代他一个任务，最近银行正在准备一份并购路堤银行的可行性方案，需要找那边的高层负责人谈判。但是比特勒对这家银行的情况了解得非常少，怎么可能认识那边的高层负责人呢？他想找人帮忙，但是这件事情事关机密，他又不能跟太多人透露。

有一天，比特勒突然从同事那里得到一个消息，新来的同事科尔斯曾经是路堤银行十几年的老员工，于是他想找科尔斯谈谈这件事，也许科尔斯可以替他介绍一下。

比特勒进了科尔斯的办公室，科尔斯正在打电话，用手势示意他稍等一会儿。比特勒等在一旁，只见科尔斯声音柔和地对着电话那一端的人说道："爸爸最近真的非常忙，托人问了一圈也没找到你要的那一套邮票，过些日子我再帮你找找好吗？"

过了一会儿，科尔斯挂了电话，不好意思地朝比特勒笑笑："我那十二岁的儿子特别喜欢集邮，我本来答应他要在他生日的时候送他一套他想要了很久的邮票的。"

比特勒点点头，然后向科尔斯说明了来意。科尔斯听完，表情有些严肃，他说道："不好意思，我当时在路堤银行工作时结识的好友都已经离开那边了，恐怕不能帮您介绍了。"

比特勒听完有些失望，但还是感谢了科尔斯一番。为工作烦恼的比特勒约了刚从国外回来的好友威廉出来喝咖啡，威廉还给他带来了一份礼物。比特勒看到礼物，发现正是科尔斯正在为他儿子寻觅的那套邮票。

比特勒跟威廉诉说了一番工作的苦恼，最后分别时，他问威廉："你的这套邮票，我可以送给一个非常喜欢集邮的小男孩吗？"

威廉说道："当然可以，不过我冒昧地问一句，你是要送给那个什么忙都没有帮你的同事的儿子吗？"

比特勒笑笑，说道："他是什么都没有帮我，但是不代表我不能帮助他。"于是第二天上班时，比特勒将邮票放在了科尔斯的办公桌上，并附上了一张纸条：

科尔斯先生：

　　朋友送了我这套邮票，不过我觉得也许您儿子会比我更需要这个，替我祝他生日快乐！

比特勒

2018年5月5日

两天后，比特勒收到科尔斯的电话，说可以将自己一位已经离开路堤银行的朋友介绍给比特勒认识，路堤银行的高层负责人正是他的弟弟。比特勒高兴地接受了科尔斯的邀请，并且和比特勒的朋友交谈得非常愉快，最后通过他的引荐，见到了路堤银行的高层负责人，成功进行洽谈并达成了合作。

后来，科尔斯找到比特勒，说道："抱歉，您第一次找我的时候，我因为怕麻烦不想帮忙，所以拒绝了。不过收到您的邮票，我十分感动，决定向您表示感谢。"

比特勒微笑道："没关系，邮票只是举手之劳，更何况，我帮助了你，也间接地帮助了自己。"

男孩成长加油站：

爱默生说："人生最美丽的补偿之一，就是人们真诚地帮助别人之后，同时也帮助了自己。"乐于助人是一种美德，每个人都有需要帮助的时候。在别人需要帮助的时候，我们努力伸出援手，在我们遇到困难时，别人也会尽力帮助我们，世界也会因此变得更美好。

▎关爱男孩成长课堂

帮助别人有技巧

帮助别人是一件好事，但有时可能因为帮助者的态度问题或者被帮助者心里敏感，又或者帮助者选择的方法不对，不但没有皆大欢喜，反而产生了大家都不希望见到的后果。因此，我们在帮助别人时，要注意以下几个方面：

首先，帮助别人，要有真诚的心。我们帮助别人的目的是让有困难的人得到需要的帮助，既不是为了名声，也不是为了得到报酬。现在有些人捡到了别人的手机或者钱包，在归还给失主的时候，主动索要报酬，甚至威胁失主不给报酬就不还东西，这是非常恶劣的行为，违背了助人为乐的初衷。

其次，帮助别人，不要居功自傲。有些人，将自己对别人的帮助当成对别人的施舍，因此摆出一副高高在上的态度，看不起被帮助者，这种态度也是不对的。人与人之间在人格上永远是平等的，你也会有需要别人帮助的时候，因此，不要将自己看成一个高高在上的施舍者。

最后，帮助别人的同时，要考虑别人的感受。有些人的内心比较敏感，当你准备帮助他们时，要考虑一下他们的感受，讲究帮助的技巧。例如，在公交车上，你准备给残疾人让座，可以选择一个不露声色的方法。站起来跟他说："我要准备下车了，你坐这里吧。"这样，别人也更乐意接受你的帮助。

帮助别人，可以让我们收获快乐，可以让别人收获温暖，还可以让我们身边充满和谐愉快的氛围，何乐而不为呢？

 师恩深似海

尊师重道历来是中华民族的传统美德，在我国历史上，有着许多为人称道的尊师故事。

岳飞是我国南宋著名的抗金英雄，他小时候家境不好，没有钱上学。为了学知识，他偷偷在私塾的窗户外面听先生讲课。私塾的老师名叫周侗，他被岳飞勤奋好学的精神感动，很喜欢他，便不收钱让岳飞来读书。

读书期间，周侗不但教岳飞做人的道理，让他树立了保家卫国的远大抱负，还将自己的射箭绝技毫无保留地传授给了岳飞，让岳飞单日学文，双日学武。在周侗的教育下，岳飞成长为一名大将，终于没有辜负老师的期望。

岳飞对自己的这位老师十分尊敬，周侗去世的时候，岳飞在葬礼上披着麻衣，驾着灵车，这是古代孝子对父亲的礼仪。而后，岳飞每逢初一、十五，都会祭拜周侗，怀念恩师。即使在军营之中，也不会忘记。每次祭拜，他都会痛哭，并且痛哭之后，会拿老师曾经送给他的一架三百斤的弓射三支箭。对于周侗的恩情，他一刻也不敢忘记。

还有一个尊师故事，是关于东汉时期一位著名的儒家学者——魏昭。

魏昭听闻郭林宗博学，很想拜他为师。可是郭林宗在南阳，而他在京城任职。

为了拜郭林宗为师，魏昭从京城赶往南阳，来到了郭林宗家门口，郭林宗却推病不见。随行的仆从很生气，魏昭却一点也不恼怒。他说："郭大人名震四海，我就在这里等到大人病好再见我吧。"于是魏昭就在郭林宗家门口等了三天，郭林宗听说之后，让他进了门。

魏昭表明拜师来意，郭林宗虽然表面同意，但实际上一直没有教授魏昭知识。四五天后，郭林宗犯了旧疾，下人正准备替郭林宗熬药，郭林宗却阻止下人而吩咐让魏昭来熬。

魏昭努力为郭林宗熬好了药，端到郭林宗的床前，请郭林宗服药，谁知郭林宗怒斥道："太烫了，重新熬。"

魏昭没有说话，立刻将药端了下去，又马上重新熬了一碗药奉上。这次，郭林宗喝了一口，生气道："太苦了，再去重熬。"

魏昭的随从十分生气，劝说魏昭道："这人摆明了就是故意刁难，何必要来受这等侮辱，不如立刻返回京城。"

魏昭说道："不要乱说。"然后他第三次熬了药，再次送到了郭林宗的床前。

这次，郭林宗接过了药，说道："以往许多人来找我求学，但是他们并非一心向学，只是敷衍我，求个好名声罢了。直到你来找我，我才感受到身为学生的一片诚心。今天开始，我愿意当你的老师，将我所学倾囊相授。"从此，郭林宗收了魏昭这个徒弟，还将自己的学问全教给了他。

男孩成长加油站：

岳飞，正是因为他时刻铭记老师的指导和教诲，从而建功立业，成为一代名将。魏昭，正是因为他一心向学、彬彬有礼，才感动了老师，从而学会一身本领，名扬天下。桃李不言，下自成蹊。老师的恩德不需要用过多的语言描述，一个懂得感恩老师的人，必然是一个内心充满爱，懂得回

报社会的人。

男孩如何回报老师的恩情

是老师用自己辛勤的汗水，培育了一代又一代祖国的花朵；是老师用自己渊博的知识，滋养了一代又一代社会的栋梁，是老师用自己奉献的精神，播种了一个又一个未来的希望。老师的恩情有时像温润的春雨，润物无声，有时又像夏日的响雷，振聋发聩。那么男孩在日常生活中要如何回报老师的恩情呢？

回报师恩，首先要努力学习。老师的责任是教书育人，老师的工作是授业解惑。作为学生，我们只有努力学习，才算是尊重老师的劳动成果，回报老师的恩情。认真听好每一堂课，专心完成每一次作业，努力考好每一场试，这些都是我们力所能及的回报老师的事。

回报师恩，其次要牢记老师的教诲。学生大部分时间待在学校，性格的形成和培养都和学校有着不可分割的关系，而老师在这一关系中扮演着重要的角色。老师不仅能在课业上帮助我们解答疑惑，还能成为我们人生的导师，为我们指明人生的道路。因此对于老师的教诲我们要虚心接受。就算有时老师在教学中有失误，我们也不要顶撞老师，而要心平气和地和老师探讨，保持应有的尊重。

回报师恩，最后要铭记老师的恩情。许多学生在学校接受了老师许多的帮助，结果毕业之后，连老师的名字都不记得，这是因为他们对老师没有一颗感恩的心。感恩老师，除了要铭记老师对我们的帮助和培养之外，还可以付出一些实际行动。例如，毕业后经常回学校探望老师，和老师聊聊天。过节发个短信问候一下老师，表达一下自己的思念之情。这些都是举手之劳，但是能让老师感受到来自学生的温暖，让老师知道自己的付出是值得的。

男孩要时刻提醒自己，记得老师的恩情，只有将老师传授的知识和本领用于回报社会、报效祖国上，方不负似海的师恩。

 # 友谊的重量

列夫和捷克是好朋友，他们都对开飞机有着浓厚的兴趣。两人从小玩到大，长大后合伙买了一架小型飞机。有一次，两人都对一个人迹罕至的海峡十分感兴趣，便约好一起飞越海峡。

一开始飞行十分顺利，两人也十分兴奋，还在飞机上热烈地讨论着一会儿飞行成功之后去哪里庆功。可是，就在两人离到达目的地只差半个小时的时候，他们发现飞机的油箱正在漏油。

这时，列夫对捷克说："别慌，我们不是有降落伞吗？不会有事的。你来开飞机保持飞机稳定，我去拿降落伞。"说完，列夫就离开了座位，朝后舱走去。本来有些慌张的捷克听了列夫的话，心安定了不少。列夫是个沉稳的人，平时总能在关键时候想出办法，所以捷克非常信任他。

果然，没多久列夫就回来了，他将一个大大的袋子放在捷克的旁边，说道："这里是降落伞，我先跳下去，你等到油没有的时候再跳。"说完，列夫就跳了下去，并没有向捷克解释原因。

本着对列夫的信任，捷克一直操纵着漏油的飞机。过了十多分钟，油箱显示没油了，捷克准备跳伞。可是，当他打开列夫放在自己身边的大袋子的时候，大吃一惊。袋子里根本就没有降落伞，只有几件旧衣服。捷克生气地一边大骂列夫不算朋友，一边努力地继续操纵着飞机。

就在他快要绝望的时候，眼前突然出现了一片沙滩。列夫大喜，努力操纵着飞机降落。

最后，飞机平安降落在沙滩上，而捷克只是受了一点轻伤。

在医院接受了短暂的治疗后，捷克回到了自己的家。他一到家，就马不停蹄地赶去找列夫。他站在列夫家门口大骂道："列夫，你这个不讲信用、抛弃朋友的小人，你给我滚出来。"

开门的不是列夫，而是列夫的妻子，她说列夫一直没有回来，她还以为列夫和捷克在一起。捷克生气地将这件事告诉列夫的妻子，列夫的妻子斩钉截铁道："列夫不是这样的人，其中一定有什么误会。"

捷克根本不想听这样的话，他生气地说道："如果列夫回来，你就告诉他，我要跟他绝交，我一辈没有这样的朋友。"说完，他就怒气冲冲地走了。

没几天，列夫的妻子敲响了捷克家的门。捷克看到她，不满地问："你来干什么？"

列夫的妻子没有说话，只是哭着将一个伞包递给了捷克。

捷克奇怪地接过伞包打开，在里面发现了一张纸条，上面字迹潦草，看得出字迹的主人是在匆忙之际写下的。纸条上写着：

"捷克，我亲爱的朋友，如果你看到这张纸条，我应该已经不在了。情况危急，我们穿过的这片海是鲨鱼区，跳下去两个人都必死无疑。所以我决定先跳下，减轻飞机的重量，希望你能凭借剩下的油努力开到安全区域！祝福你！我的兄弟！"

看完纸条的捷克泪流满面，可惜他的好朋友列夫再也不会回来了。

男孩成长加油站：

友谊是什么？是你开心时绕过你指尖的一缕清风，是你失意时照进你心里的一抹阳光；是你得志时锦上添花的真心祝福，是你落魄时雪中送炭的温暖相助。友谊，不因成功而谄媚，也不因失败而疏远，丰富你的生活，滋润你的心灵，加深幸福的意义，提高生命的价值。友谊，无须多言，但需要我们珍惜，也值得我们感恩。

关爱男孩成长课堂

男孩如何珍惜朋友

"时光的丧失，会让人衰老，友谊的丧失，会让人空虚。"衰老是不可避免的，但是尽量不要让自己过空虚的人生。友谊像树，需要呵护才能茁壮成长。那么男孩如何呵护友谊、珍惜友谊呢？

首先，要尊重朋友。朋友不是攀附的对象更不是施舍的对象，对待朋友要真心，懂得尊重朋友。真正的朋友不是要所有方面都和你一样，我们要懂得尊重朋友和我们的不同。对待事情有不同意见时，不要争执或者一味要求别人改变意见，尊重与包容才是朋友相处的长久之道。

其次，要感恩朋友。朋友之间应该互相帮助，但这种帮助并非一种义务。朋友有需要，不要因为朋友并没有为你做过什么事就吝啬于伸出援助之手，有时友谊对人的帮助是难以察觉的，因为它让我们的生活变得更美好，更阳光。而如果朋友帮助了你，你也不要认为这是理所当然，一定要向朋友表示感谢。因为拥有一颗感恩的心，才能让友谊更加长久。

最后，要和朋友一起共同进步。青春期的男孩热情、喜欢交际，一场球赛，一次游戏，很容易就能交到许多朋友，但是大家一定要认清真正的朋友。真正的朋友，会在你犯错误时劝阻你，会在你走歧路时拉回你，会和你一起进步，一起成长。我们要多交这样的朋友，要多珍惜这样的朋友，也要让自己成为这样的朋友。

青春是一场盛大的舞会，在这样的热闹之中，希望大家能多遇到和自己志同道合、真心相待的朋友，这样才能让人生更圆满，让生活更精彩。

保护环境，尊重自然

　　每天早上推开窗，享受第一抹阳光照在脸上的温暖；每天去上学，感受路上鸟儿叽叽喳喳的陪伴；放假时去森林、草原或者海洋，惬意地享受无忧无虑的自然风光，这是多么美好的愿望。然而，你知道吗？不知道从什么时候开始，这样简单的愿望对人类来说也变成了遥不可及的奢望，而罪魁祸首就是人类自己。因为人类对自然无限制地开发与掠夺，自然环境正在不断地恶化，人类正面临着巨大的生态环境恶化危机。

　　现代大城市里，当你拉开窗帘，天空是灰蒙蒙的，窗户不能打开，因为室外可能是雾霾天气，大量PM2.5悬浮在空气中，它们之中许多是有毒、有害的物质，可能通过呼吸道对你的身体健康产生巨大的危害。人们在这样的天气里，不得不戴上防雾霾口罩出门，遇见认识的伙伴，连一个笑容都无法展露，只能通过口罩发出闷闷的声音打招呼。上学的路上，鸟儿的出现也不那么频繁了，城市里能见到的小昆虫和小动物也越来越少了。以前的城市，夏天的夜晚还能看到萤火虫轻盈飞舞的身影，现在基本上已经看不到了。取而代之的是各种各样的建筑噪声、机械噪声，还有高楼大厦反射的刺目白光。

　　科学研究表明，自然环境正在不断地被人类消耗。南亚印度洋的岛国马尔代夫素有"人间天堂"之称，它的平均海拔只有一米。然而近些年来，由于工业生产、人口增加等一系列原因导致的全球气候变暖，致使海平面不断升高，这对马尔代夫来说是死亡的威胁。据专家称，按照目前海平面上涨的速度，五十年内，马尔代夫就会消失，这样一个举世闻名的度假胜地将不复存在。

人类活动还对地球上的动植物造成了巨大威胁。因为环境污染、人为捕猎、栖息地丧失等原因导致了许多物种的灭绝。在世界自然保护联盟2004年的名录中就显示，15589个物种正受到灭绝的威胁，并且这个数字还在不断上升。科学家称，虽然物种自然灭绝是自然界中的一种正常现象，但是因为人类活动，目前物种灭绝的速度是物种自然灭绝速度的1000倍。物种灭绝会让地球的生物多样性大大减少，这对人类自身的生存也是一个巨大的威胁。

人与环境不应该是对立关系，我们应该尊重自然，感恩环境，因为是大自然给了我们赖以生存的空间和资源，如果环境恶化，人类也会首先自食恶果。因此，男孩们要从现在开始保护环境、尊重自然。

男孩成长加油站：

现在人们已经慢慢意识到了环境保护的重要性，社会也在加大力度宣传保护环境的重要性。在1972年召开的联合国人类环境会议上，各国通过了《人类环境宣言》，还把每年的6月5日定为"世界环境日"，各个国家在联合国的组织下都积极响应并开展了各类环保活动。世界各国都已经认识到，生态安全与环境保护是国家安全和社会稳定的一个重要因素。

关爱男孩成长课堂

我们能为环保做些什么？

男孩们是否觉得环境保护是一件离自己很遥远的事呢？并非如此，环境保护是一件需要长期坚持，也关系到每个人的切身利益，需要大家齐心贡献自己力量的大事，男孩们在生活中有许许多多实践的机会。

第一，不乱扔垃圾。大家是否知道，塑料袋自然分解可能需要成百上千年的时间；玻璃制品不但难以分解，而且会对误食碎片的动物产生严重的伤害；电池分解后，其中存在的氯化锌、铅、水银等有毒物质如果泄漏在土壤中，会污染土壤。因此，大家要养成不乱扔垃圾、学会垃圾分类处理的习惯。

第二，节约资源。自然资源不是无穷无尽的，所以男孩在日常生活中要学会节约资源。节约用水，随手关灯，尽量选择乘坐公共交通工具，节约用纸，减少一次性用品的使用，选购商品时尽量选择对环境伤害小的，例如无氟制品、无磷洗衣粉等。

第三，主动宣传环保知识。男孩们可以在日常生活中多向身边的同学、朋友们宣传环保知识，让越来越多的人加入到环保这个队伍中来。在遇到破坏环境的行为时，要及时制止，面对破坏环境的违法行为，要及时举报。

一个人的力量是渺小的，但是当一个人能用自己的思想和行动影响周围人的时候，渺小的力量也能聚沙成塔，变成一股巨大的力量。保护环境，是每个人的责任，也体现了个人素质和修养，每个男孩都应该具备这样的认知。

 # 报得三春晖

柯杰明天期末考试，他上床的时候正准备定闹钟，却发现自己的闹钟没电池了。

"妈妈，我明天要考试，你六点叫我起床可以吗？这样我还能去教室看一会儿书。"柯杰对妈妈说道。

"好的，你快睡吧。"妈妈哑着嗓子说道，末了还咳嗽了两声。这几天天气寒冷，妈妈感冒好几天了。

早上妈妈进房间的时候，柯杰还没有醒。妈妈叫了他几声，他也没有答应。于是妈妈走到床边，推了推柯杰。柯杰从梦中被推醒，有点不太高兴，他皱着眉头问了一声："几点了？"

"五点五十了，快起来吧。"妈妈说道。

"我不是说六点吗？干吗早十分钟叫我，烦死了。"柯杰将自己的脸蒙进被子里不满地说道。

"快起来吧，早餐我已经做好了。"妈妈说了一声，便走出了房间，走出去的时候还压低声音咳嗽了两声。

被叫醒的柯杰也没有睡意了，他爬起来洗漱，发现妈妈已经将早饭在桌上摆好了。吃了早饭的柯杰穿上羽绒服背着书包走出门去。一打开门，柯杰就被冬天早上凛冽的寒风吹得打了个喷嚏。外面天还没有亮，路上行人也很少，只有几盏路灯在孤零零地亮着。

柯杰走到了公交站台，时间还早，首班公交还没有来，他只能靠跺脚和搓手来取暖。这时，他发现在他旁边站了两位老人，两位老人穿得十分严实，其中老爷爷对老奶奶说："你今天早上起得太早了，还一直催我，你看，现在车还没来吧。"

等了七八分钟，第一班公交车终于来了。柯杰等公交车停稳，一个箭步跳上了公交，公交上温暖的空调让他仿佛一下子活了过来。他找了座位坐下，司机立马关上了门准备开车。

"等等，还有两位老人没有上来呢。"柯杰急忙叫了司机一声，"他们等了很久了，你怎么不等他们啊？"

司机看了柯杰一眼，不好意思地笑了笑："那是我的父母，我今天第一天上班，他们担心我，所以特意来看看我，替我加油的。"

柯杰听了司机的话，再看了一眼在寒风中微笑着的两位老人，突然想起了早上自己对妈妈说的话。妈妈这几天因为感冒都没怎么睡好，今天为了不耽误自己的考试还特意早早起来做了早饭，自己还这样凶妈妈。柯杰心里想着，等考完试回家，一定要好好跟妈妈道个歉。

男孩成长加油站：

犹太人有一句谚语是这样说的："父亲给儿子东西的时候，儿子笑了；儿子给父亲东西的时候，父亲哭了。"世界上如果真的有什么爱是无怨无悔不求回报的，那一定是父母的爱。父母从小养育我们、教育我们，给我们最好的东西，却很少要求我们做什么来回报。父爱如山，母爱如水，山水不言，但我们却永远不能忘记山水的恩情。

男孩如何感恩父母

感恩父母，听起来似乎是一件大事，男孩们可能会想，我将来一定要有多大出息，赚多少钱，才能回报父母对我的恩情，但是实际上，感恩父母，可以从现在做起，从小事做起，在生活的细节上让父母感受到我们对他们的爱与感恩之心。

感恩父母，首先要尊重父母。男孩们有时会很烦父母的唠叨，每当父母教育自己时，就不耐烦，甚至发脾气，这样的做法是不对的。对父母要尊重，这不是让我们无条件地服从父母、听父母的话，而是在态度、言语上给予父母尊重，即使父母的意见或者观点不对，我们也应该心平气和地表达自己的意见，而不要跟父母起冲突。

感恩父母，其次要多向父母表达自己的爱。中国人对"爱"这个字的表达总是很含蓄，我们不会总是将这个字挂在嘴边，实际上，让别人了解你的爱也是一件非常重要的事。有时，你会发现，"爱"这个字一说出口，家庭关系就随之变得更加融洽、和谐。父母对我们的爱，我们在点点滴滴的日常中经常能感受到，那么，我们对父母的爱呢？也许我们没有什么太多的实际机会去做些什么，但是，我们可以用言语去表达。母亲节或者父亲节，对父母说上一句"爸爸，我爱您"或者"妈妈，谢谢您"，这样的方式简单又有效。学会向父母表达爱，可以让我们的家庭生活拥有更多的幸福感。

感恩父母，最后要从小事做起。父母每天工作很辛苦，我们应该帮父母做一些力所能及的事情，这是我们的责任，也是我们的义务。替父母分担一点家务，父母生日时，为父母送上自己的祝福，平时多关心、了解父

母……这些小事，都是我们感恩父母的方式。

父母，是给予我们生命的人，是让我们开始一生的人，所以，父母的恩情与爱是我们绝对不能忘记的。